365 DAYS OF SUDOKU

A Puzzle-a-Day
for the
Whole Year

Are you up for the challenge?

HOW TO PLAY

Sudoku is a 9x9 grid puzzle game.

The objective is to fill the 9×9 grid with numbers so that each column, each row, and each of the nine 3×3 boxes that compose the grid, contain each of the numbers from 1 to 9.

You are provided a partially completed puzzle to finish.

The solutions to all puzzles are in the back of the book listed by puzzle number.

Enjoy!

PUZZLE # - 1

Easy

7	6	4	5	9	3			8
1		3	4				7	6
	9				1	4		3
	2		3				4	
5	4	1	8			7	3	2
3	7	8					9	1
4		5		3	6	2		
		7	9	8		5	1	
	8	9	1		4	3	6	7

PUZZLE # - 2

Easy

				5	1	9		7
9							1	
	1	5			7	8	3	
1	5	3	9		4		7	2
8	9	2	1			4		
		4	5	2	3	1	9	8
	8	1	7		9		6	
5	4	9	6	3	2	7	8	1
7	2		8				4	

PUZZLE # - 3

Easy

	7	8	6	2			3	9	
6	9	2	8	3	1	5	4	7
1	5	3	4	9				
	8			4	6	1		
	4	1					7	9
			7			4		
3	2	4	1	7			5	6
8	6				4	7		
		5	2	6	9	8	3	4

PUZZLE # - 4

Easy

	5			7	2			9
3	8	9		5	1	6	2	7
1		7		3	6	8		5
	6	2	1	4	8	5	9	3
5							7	1
		1		9		2	6	
	4			1	7	3		2
8	7	3		2		9		6
		6		8	9	7	5	

PUZZLE # - 5

Easy

	4	6	8	2	3	9	5	1
8				9			6	7
2	1	9	5	6	7			4
5						1	4	3
3	2	8	7	4		5	9	6
	6				5	7		8
6	7	4	2					5
		2	3		4			
	3	5	1			4	8	

PUZZLE # - 6

Easy

	8	1	4	5	7	2	3	9
7	4	5				8	6	1
			1	6				5
	5	6		7		9	8	2
3	7					5	1	
			6	2		3		4
			5	1		6	9	3
5		4	7			1	2	
1	9	3		8	6	4	5	

PUZZLE # - 7

Easy

1	9	2				7	6	4
			9	4	7		1	
3		7		1	2	8	9	
9		4	3	2	6	5	7	
	6	3			8		2	
	7	8	1	5	9	3	4	
6		5				4	8	
		1		6	5	9		7
7			2	3	4		5	

PUZZLE # - 8

Easy

			2					
4	1			6	3			5
	3	6	5	8	4	9		2
			7	1	9	8	4	
	6	4	3			2	7	9
	8			2	6	1		3
6	4	8	1	9	5	3	2	7
	5	9	8	3	7	4		1
3	7					5	9	8

PUZZLE # - 9

Easy

2					1	4	3	
	7	8	6	4	2			1
		1	3	8			7	
5	4			1		3		9
6	1	3	4		8		2	
	8	7	2		5		4	3
8	9					2	1	6
	2	5	9		6	3	8	
	3	6	8		4		5	7

PUZZLE # - 10

Easy

4			8	2		9		7
	9		7	3		5	6	4
6		1	5			2	8	
			9		3	6		8
	8	9	1	6	7			5
3	6	4		5		7		
	2		4	8		1	7	
1	4	6		7			5	2
7	5	8		1			4	9

PUZZLE # - 11

Easy

3		1	7			5		4
	5		3	4				2
		4	6	5		7	3	8
			4		8	3		7
	3	7	9		6	4		5
4		2	5	3		1		
		9	8	6	3	2	4	
8	1		2	7	4			6
	4	6	1	9	5	8	7	3

PUZZLE # - 12

Easy

		7	6	8			3	2
3		2		7		6	9	8
	9			3	4	1		
7	2	8		3	6	9		
5	6		4				8	1
1	4	3	8	9	5	7	2	6
2		5		6	4	1	7	3
9	3	1	2					
				1		2		

PUZZLE # - 13

Easy

8	6	2	7		5		4	3
5	7	9	4					8
			6	9	8	2	5	7
	1	5	3	7			8	
4	8	6	9	5		7	3	
7			1					4
9			5	6	7	3	1	
3				4			7	
6	2	7			1	4	9	

PUZZLE # - 14

Easy

7	2		1	5			3	4
9	6	4					5	
1			2	4	9	7	8	6
	8	3	6	9	1	5		
2		6		3		8	4	9
	7			2			1	3
	9			7	8	1	6	
6	5		3		2		9	8
		1	9			3	7	2

PUZZLE # - 15

Easy

	9	6			1	4	2	
4		2	9			1	7	
8	1	7						
7	5			1	8	6	9	
9		1	7			3	8	5
2	8	3		5	9			1
	4		5	2	6	9	3	
6	7	9	1	8		2	5	
3	2	5		9				

PUZZLE # - 16

Easy

2	8		3		7		6	
7	3	1	9	6	4	2	8	5
		5	8	1	2		9	
8			7				1	9
		6						8
3			1	8	6			
6	7	4	5	9		1		
9		3	2			8	4	6
1		8		4	3	9	5	7

PUZZLE # - 17

Easy

	2	6	8	5	4			
1	4	5			3			6
7		8		6				5
9	7		1	8	6		4	
5	8	4		3	2		6	1
		1						8
			6	4	9		5	2
4	6	3		2		1	9	
2		9	3	1	7	6	8	4

PUZZLE # - 18

Easy

3	8	2	9	1				7
				3			9	1
		9		6	7			
8	3	5				4	6	
1	7	6	3		2		8	9
2	9	4	5	8			1	
7		1	2	5	8	9		4
		8			9		7	
	2	3	6	7	4	1	5	8

PUZZLE # - 19

Easy

8	4	9	5	2	1	3	6	7
	7				8	2	5	
	5	2	3	4				
				8	3			
			7	1	4		8	3
7	3		6		9	4	2	1
4	8	7	1		2		3	
3	2	5		7	6			
9	6		4	3		8		2

PUZZLE # - 20

Easy

5	9	2	8		4	1		
6	4		2	5	1	7	8	
8	1	7	6	3	9	5	4	2
	3	8	4		5			1
	5	4	1	2	6	8		
	6		7	8		9		
3	2	6					7	
1	8	5			7	2	9	
		9	5				1	

PUZZLE # - 21

Easy

	9	7			2		4	3
5		4				9	1	2
8	1	2		3		5		7
7	2	8		9		6		
4		1			8	3		9
3		9		5	7		8	1
	4	3		8	5	7		
9		5	1	6				8
2	8	6		4		1	3	

PUZZLE # - 22

Easy

9	5	8	1	4	7	2	6	3
	4	3					7	1
			6	9		8		5
					5		3	
5	7		4	3	6		8	9
3	6	4	8			7	5	2
4	9	6		2			1	
7	3	5	9	6				
8	2		7		4	3		6

PUZZLE # - 23

Easy

			6	8	3		4	9	1

	3	4		1	9	2	6	7
1		9			4		5	
3		7				5	4	
	8			9		1	7	6
6	9	1				8	2	3
5				8		7		2
			2		1	9	3	5
9	1	2	7		3	6	8	

PUZZLE # - 24

Easy

5	4	6			8	7	9	2
	2			9	7	6		4
	3	7	4	2	6	8	1	5
			7	3	4	5		
7	1	3					4	6
		8	9		1			
3	8	4		7	5			9
1	7	9	6	4	3		5	
			1	8	9		7	

PUZZLE # - 25

Easy

	1	3			2		4	8
	4		9	3	1	7	2	
	2	9	7	4		6	3	1
	7	2					5	
9			4	3		8	1	
1		5	4	7		2	9	
4	5	7	2		3			
2	9			5	7	3	8	4
8		1	6	9		5		2

PUZZLE # - 26

Easy

9	4	5	2	3	1		6	7
8			6	7	5			
3	6	7	5					
				5				
1		2	8			6	4	
4		8		1	2	3	7	5
2	1	9		8		7		6
5	7		1	9				8
6		4	7	2	5	1	9	3

PUZZLE # - 27

Easy

5	1	4	9			3		8
3	9	8			2			6
7	6	2	8		3		4	1
8	3	9	2		5	1	6	
				9		4	8	
		6	1	7	8		9	
9				8	1	7		4
6		7	5			8	1	2
1	8			2	4	6	5	9

PUZZLE # - 28

Easy

		7	2	4	6			9
2	4	9		5	3			7
3		6						8
9	8			2	7		6	
6	7	5		3	1		4	2
4		3					7	1
		2	5	9	4		8	6
5	9	8		6	2	7	3	
1		4	3		8	2		5

PUZZLE # - 29

Easy

2		6		9	4			7
	7	8	6			4	9	3
9			8		7	2	6	5
1	5		4	7	2	6		
7		2	9	6		5		1
				5	3		4	
3		5	7	4	6			
		1	3		5			4
4		7	2	1		3	5	6

PUZZLE # - 30

Easy

6	7	4	3	1	2	5	9	8
			4	6			2	1
2	1	3	8			6	7	4
8		9			3	4	6	
3	5	7	4	6	9	8	1	2
				2	8	7	3	
9	8		6		4			7
		5		8				
4	6	1			7	2		

PUZZLE # - 31

Easy

6		9	2		7			1
	1			6	4	9		7
3	7	8		5	9			2
4							8	9
9	5		3	7	8		6	4
8	6	7	9		1	3	2	
1			7	8		5	9	3
		6	4	1	3			8
7	8	3				4		

PUZZLE # - 32

Easy

2	4	8				7		3
		3	2	4		8		
		5			3			4
		2	5	7	1	9	8	6
9	1				8	5		
8	5	7	9	6			3	1
3		4			9	1	5	2
6	2	9	7	1			4	8
5		1	3		4	6		

PUZZLE # - 33

Easy

	7			1	5		2		
5	9	2		3	7	6	8	
3	1	8	9	6	2	5		7
9		1				3	6	8
2			8	5			1	
						7		
1	2	9		4		8		6
4	8	3	5			1	7	2
	6	5	8	2	1			4

PUZZLE # - 34

Easy

8	4		9	1		6		
		9	6		2	8	4	
1	6	2	8	4				9
	1	4	2	9	6	3	7	8
2	7	6			8			5
9			4		5	2	1	
4		7					6	3
	9	8			4	1	5	2
6		1					8	4

PUZZLE # - 35

Easy

8	5	6	1	2	4	3		9
		3	7	6		5		8
	7	1			8	4		6
	4	2		9	1		8	3
5		9		8	3	1		7
	1			7	6	9		2
2	8	4		3		7		
		7		4	2	8	6	
	9			1	7			

PUZZLE # - 36

Easy

7	1				8		3	
8	9		2	3		1		
	4		5	7	1	8		9
5				6			8	
	8	1	3	4	2			5
6	7	3	8		5		9	2
1		9		8	3	2	5	4
	3	7		5		9	1	8
	5	8			9		7	

PUZZLE # - 37

Easy

	4	7	8	2	9	6		
2		6				4	8	9
	8		6				3	
7	3	5	4		2			1
	2	8	5	9	1	3		7
4		1	3	7				
1	5	3			6	9	7	
			4	3				8
8		4	9	5	7	1	2	3

PUZZLE # - 38

Easy

9	2		6	1		7		4
1	6		9	4	8	2	5	3
	8				3	9	1	6
		8	4	5		1		
6					2			
4	7		1	8	6		9	2
3	4		8		1		7	5
7	1	6	5	3			2	
8	5	9	2		7			

PUZZLE # - 39

Easy

	7			4	8				6
		3	5			4	9	
	5	4		1	9	8	2	7
4	3	6		5	8	1	7	2
7		2	6		4			5
		5			7	6	3	
	2	1	8	6				3
	6	8	7	4				
	4	7	2		1	5	6	8

PUZZLE # - 40

Easy

7	2		1		8	5	4	3
	1	8		4	5	6		
5	4	9	2					
		4				1	2	
	6		3	2			5	9
2			9	6		8	3	7
4	9	5		7	3	2		1
1				6		9		
6	8	2	4	1		3	7	5

PUZZLE # - 41

Easy

					7	9		3
4	3	9		6	2			
	5	8		9			1	
6		5		3	1	8		4
9	4	3	8	2			6	7
	1	2			6			
3		4		1	8	2	7	5
1	8	7		5	4	3	9	
	2	6		7		4	8	1

PUZZLE # - 42

Easy

1		5		6	9	3	4	2
6	8			2		9		1
9			5					6
4	1	3	6	9		7	2	5
8	5	7			2	6	9	4
	6			7	5	1		
5			8	2				
7			1		8		5	
	4			9	5	7	2	1	8

PUZZLE # - 43

Easy

		8	9	7	6	4	1	
7		9		3	2		8	
			1		5			7
	8	5	2			6	7	3
		7		4			9	5
	3	2	6	5		1		
	9	4	5		3		6	1
6	2	3	7	9	1	8	5	4
5	7	1	8	6		3		

PUZZLE # - 44

Easy

	1		6	2				9
	8		7	9	5	6	3	
6	9	5	4	1			7	
7	6	8	5	3	1	9	2	4
5	3		9		2			6
			8	6	7	3	1	
						2		8
	7				6	1	4	
4	2	3	1		9		6	7

PUZZLE # - 45

Easy

1	9		5		2	4	6	3
7		4				1		5
		5	1	4		9	8	7
	3	7			1			
2	8	1	6	5	4	7		9
4	5	6	3				1	2
			2	1	8	3		4
8		2	7				9	
5				6	9	2		8

PUZZLE # - 46

Easy

5			9	8	6	4		
9	3	4		1		8	2	6
		7		3	5			
7		8					5	4
	5				6			
	4		3	7	5	9	8	2
	6	5	7	9	2	1		
	2	9	1	3	8	7	6	5
8	7		6	5	4		3	

PUZZLE # - 47

Easy

	2	4	3	7	5	6		9
6	5		2			1		3
3		9			6	2	7	5
	7	6	4		3		5	1
5				9	8	4		
	9	3		6	1	8		7
	4	5				3	9	
9		1		5		7		
7	6			3	2		1	4

PUZZLE # - 48

Easy

		7			2	8		4
			9	7		3		5
9			8	3	4	2	7	6
	4					9	2	3
	9	2	3	4	7			1
1		5		6				8
2	1	4	7	5	8	6	3	9
5	7		6			4	8	2
	8	9	4	2				

PUZZLE # - 49

Easy

5	8			3		6	2	7
	1		8	6	7	5	4	
4				9	5			
8	9		3		2	1		5
	5		7			9	3	
6		1		5			7	4
1	2		5	7				6
7		3			9	4	5	
9	4	5		2	3	7	8	1

PUZZLE # - 50

Easy

9			3	2		8		7
	7	3	1	8	6			9
6	8	4			5	2		
7	2	8	6	9	1	3		
				3	8		1	
3	5	1	2		7		9	8
5	3		8	6	9			4
			7	5	2	9	8	3
	9	7	4			5	2	

PUZZLE # - 51

Easy

	5	9	6	7	4		1	
6	1		5			7	8	4
7		3		2	8	6		5
1	7	4	3	8	9	5		6
2	3	5			1			
9				2	3	7		1
3		6						2
		1	2	3		8	6	7
	2	7	8		6	4		

PUZZLE # - 52

Easy

			1	8		5		3
			5	6	3		9	7
				4	9	1		6
	5	2	3		8	7		4
3	4	8	6	7				9
1	7	6				3	5	
2	9	4	8	3	1		7	5
7			4	9		8	3	
6	8	3	7		2			

PUZZLE # - 53

Easy

5		8		1	9	6	7	2
		7	3	6				
					2	8		9
7			8	3	5	4	2	6
3	6	2		4			5	8
	5		6	2		9	1	
6	8	1				3		
4	7	3	1	9	6		8	
2	9	5	7			1	6	4

PUZZLE # - 54

Easy

2	8	4		3				
	7	3	1	9			8	2
1		9	8		4	7		3
	1		9			5	4	6
4	6		7			9	2	1
			4		6			7
8	4	6	2		1		5	
7	3	2		4		6		8
		1	3	6	8	2	7	

PUZZLE # - 55

Easy

	7	4				1		2
		1	4	7	2			
	6	3	5	9		8		
	9		1	4			2	5
7	3	5			8	4	6	1
1	4		7	6	5	3	9	8
6	2	9	3		4	5	8	7
	1			5			4	6
4	5	7		8			1	3

PUZZLE # - 56

Easy

				8	2	5		4
2						9	6	
4	5	3	1	6	9			2
6	1		2		7	3	5	9
7	3	2	8	9		4		6
	4		6			2		8
8		5	4	7		6		3
	9	4		5	6	8	2	7
	7		9				4	5

PUZZLE # - 57

Easy

5	8			6	9		3	7
					1	9	6	
9		1					8	4
2	5	8	1			7		3
1	9	7	3	4			2	6
6		3		7	5	8		
		6	9		7			2
	2	9	5	3	6	4		8
8	3		4	1	2	6		

PUZZLE # - 58

Easy

	9	4			6		8	1
1		8				9	3	
2	3			9				5
9	1	3	2	7			5	
	8		9			4		7
	4		1		5	3	9	
			6	3	9		7	
3	6	5	7	4	8	1	2	9
4	7	9	5	1	2	8		

PUZZLE # - 59

Easy

	5				6	4		8
	8	1		5	3	7	6	2
	2	6	4	8		1		
5	4	9					8	1
					8			7
7	3		5	9	1			
6	1	3	8	7	5	9		4
			6	1	4	8	7	
8	7	4			9	6	1	5

PUZZLE # - 60

Easy

	2	4		9		8	5	
	7		4				6	
9		5	1		2	3	4	
7	5	3		4	6	1		
1	6			3	9		8	4
		9	7		1			6
	3	8	9	1	4		7	
	1		6	5	8		2	3
	9	6	2		3		1	8

PUZZLE # - 61

Easy

4		8	5		9		7	1
	1	9	2	6	4	3	8	
3	5	2	8					6
	7		9	8	3	4	5	
8			6		2		9	3
2		3	7	4	5			
6		4				1	2	
9			1	2	8			4
5	2		4			8	3	

PUZZLE # - 62

Easy

2		5	7	4	8			6
4			5		1			
7		8	6	9	3		5	
	5	1	9	3	7	8		2
			1	5	2	6	3	7
3		7			4	1		
1	4		2	7	9			
	7	6	3	8	5		2	1
5	8				6		7	

PUZZLE # - 63

Easy

	7	4		9			5	1
8	5	1		4		2		
9		6	5			4	3	
6	4	3	1	7			8	
7	8		9			1		
1	9	2		6		5	7	
5		8	2			7	9	4
4	1			3	8	6		5
	6			5	9	3	1	

PUZZLE # - 64

Easy

3	4	5				9	2	1
7		8	5	1	9		3	6
	9		2	4		8		
8	5	2	3		4		1	9
	1	3	7	5	2	6	4	8
4				8			5	3
			4	9		1		
					8	5	6	
1	8			2	5	3	9	

PUZZLE # - 65

Easy

9	2	3		7	1	6		
8	7		2	6				9
5	1	6	3		8			4
	5		9	1	4	2	7	
7	4	9	8	2		5	3	
2		1	5	3	7	4	9	8
4				1		9		7
				4	2		5	
						1	4	2

PUZZLE # - 66

Easy

	2		7	3	4	1		
	4			1	5	2	8	9
5	1		2		9			7
			1		6	7		
7			3	2			1	4
1	6	2	5	4				8
	7	1			3	4	6	
2	5		9	6	1		7	3
6	3		4			5	9	1

PUZZLE # - 67

Easy

5		8			4	7		
	4	3		9		2		
				8	7	5		4
2	8	4		5	3		1	7
6	3	7	4	1	9	8	2	5
9		1	8	7	2	6		3
3	2				1		7	8
	1			5	3	9		
				3	8	1		6

PUZZLE # - 68

Easy

3	7					1		2
			3		9	6	5	7
5					7	9	3	
2		7	6		4	8	1	3
		4	8	3	2	7	9	5
		3		9	1	2	6	4
4		1			3	5		
9	6			2		3		1
7		2	1	6	5	4		

PUZZLE # - 69

Easy

6	5		9	7		4	2	1
1		9				8	6	
4	2		1		8	7	5	9
		2	3	1	9	6	8	5
3	1	5	2		6			
9			5	4				2
	6	1			4	3		
2	9	7	6	3	1	5	4	
		4		9	5	2	1	

PUZZLE # - 70

Easy

	3		8	2	6	5	4	
2		4	3	5	7			
	5	7		9		2		3
7	4	3	6	1		9		
5		6		8			3	4
9	1	8	2	3		7	5	6
		1	5		3	4		2
	6		9		8	3	1	5
3						8	6	

PUZZLE # - 71

Easy

5	7	4			1	3	6	9
	9	2		3	6	7	1	
			7	9	4		8	5
	5	9		7	8	1		6
7	4		6		9	8		3
6		8	1		3	4	9	7
2	1				7		4	8
				1	5	6	7	
	6			4	2	5		1

PUZZLE # - 72

Easy

	8	6	5	7	9			2
	5	7	8		3		9	
	3		6		4	8	5	7
	1		9	4			2	3
	9	2					8	
	6	4	2		5	9	7	1
1	7		3	5	6			9
5			3	4		1		6	8
	4			8	2	1	3	

PUZZLE # - 73

Easy

	9		1		6			2
		7	4		5	1		
6	1	8	9	2		5	4	7
7	8	1	3	6	9	4	2	5
9	4	2	8		1			6
				4	2		1	
	3					2		4
8	7	9			4	6		
2	5		6			7	9	3

PUZZLE # - 74

Easy

		9	1	8		5		3
	1			2	9	6		7
3	7	2	9	5	6	8	4	
	3		2		1	7	8	6
			7				3	
7	2	1	8			4	5	9
9			6	2		3		5
	5	6					9	4
2	4		5	1		6	7	

PUZZLE # - 75

Easy

	8					5	9	1
	5	9	1	8	4	3		6
3	2	1		6				8
9	1	2		3	8			7
8			6	4	7	2	1	9
	6	7	2	1				
	7	8			1	6		2
			8	5				4
1			3	7	2	9	8	5

PUZZLE # - 76

Easy

6		8				7		
	1	4	2		7		5	
9		7	1		6		2	3
4	8	2			9	5		
	6		8	2	5	1		
5			3	6		2	8	7
2	4	6	9		8	3	7	
1	7	9	6		2		4	5
8			4				6	2

PUZZLE # - 77

Easy

	2		9	4			3	6
8				2		7		4
	4	7	5	3		2		9
7	1	8	3		2	6	4	
	9			6	4	3	8	
	6	3	8		5			2
9	8	6		5			2	7
2	7		4	8	6		9	
3		4				1	6	8

PUZZLE # - 78

Easy

3			7	1	5			
		6	3	4	2	5	1	7
		5	6	8	9	3		
2	3	1	4	6	8	7	5	9
	5			7	1	4		
6	4		5	9	3	1	2	
	8	2	1			9		
	6					2	3	1
1	7		9				8	

PUZZLE # - 79

Easy

		8	9	2		4		3
	5	2	3	7	6			9
	1							2
					4	1	3	6
	4						8	5
	2	3	6	1	5	7	9	
9	3	4	8	6	7	5		
7	6	5	1	3	2		4	
		1	4	5	9	3	6	7

PUZZLE # - 80

Easy

9	3	1		5	8	6	7	2
	7		1			8	4	
8		6		2		1	9	5
6	5	7	2			4	8	
			7	8		5		1
1	8	4		6				
		8	5		1			
	1			4	9	2	5	6
4		5	6		2	7	1	8

PUZZLE # - 81

Easy

5	7	3		1	2	9		
2	6		4	7		1		
1	4			8	3	2		7
	3	2			4			1
7	1		2	9				5
				3	7	4	2	
	9	1	3		5	7	8	
3		7	9	4		5		6
	5		7	2	1	3		4

PUZZLE # - 82

Easy

	8		7	5	3			1
7	5	6			4	2	3	
3	9	1	6		2	7	5	4
6			8		5		4	
2		5	4		9	1		7
		9		3	7		6	2
	7	8	3	9				6
		3	5		6		7	
	6		2	7			1	5

PUZZLE # - 83

Easy

5	7	2	4					
		9	7				4	
	8		6	5	3	7	2	
			1	3	9	8	6	
6	1	3	8			9		
7	9		5		2			1
9	3	1	2	4		6		5
4	2	6	9	8		1	7	3
	5		3		6	2	9	

PUZZLE # - 84

Easy

	9	1		5	4	2	3	7
3		5			8			
8				6		9	5	4
4	5			1		6		
2	3	7				5	8	1
		8	5	3		4		2
					5	7	4	8
5	2	4	7			3	6	
7		6	3	4	9	1	2	5

PUZZLE # - 85

Easy

	1	2		6		9	3	5
9				7	1	6	2	
4	6	3	2	9	5	8	7	1
		7	5	4	9			6
5		6	7				4	2
	4			2			5	9
6				3				
2	3	8	1	5	6			7
1			4	9	8		2	

PUZZLE # - 86

Easy

3	4	5	6	1	8	2	9	
		6	3	9		5	4	1
2		1		5		8	3	6
9				3				
8	1	4		2			5	
5		3	4	8		9		
	2	9				4	1	
1				4	5	6	7	
	5	7		6	9	3	2	8

PUZZLE # - 87

Easy

7		9	6	8	4	3		5
8	2		7	9	5	6	4	1
4		5	2	1				7
1		8			2	5		
6	4		8	5		1		2
9			1					4
	9				8	4		6
3	7		5		1	2		8
5		4		2	6			3

PUZZLE # - 88

Easy

3	9		1		6			
	1			9	7	6		
6				3		1		9
9			7		8	2	3	1
8	7	2	3	6	1			
	4	3		5		8		6
2				8	4	7	1	5
	8	4	5	1	3		6	
5	6		2	7	9	3		8

PUZZLE # - 89

Easy

9	6	7		8	1			
	8	3	6		4		1	2
2		4	7	3		6		9
3	9		5				6	7
7	5	6	9		8		3	
		8	3		6		5	1
1			8		7		2	
8		2	4			1		5
		5	1	2	9	4	7	

PUZZLE # - 90

Easy

	8				1		6	9
	9		6	8	4		3	5
		5		7	9			8
3						5	4	7
		6		2	5	8		
				4	7	1		6
8	6	1		9	2		5	4
5	4	3	8	1	6	9	7	
7	2		4	5	3	6		1

PUZZLE # - 91

Easy

1	4	9	5		3			
5	3		7	1				
8		7		4		3	5	
9				3	8	2	7	
3		2		5	6	4	1	8
		1		2	7	5	3	
7		5	8	9		6		3
2	6		3		1	9	4	5
4		3		6	5			

PUZZLE # - 92

Easy

9				5	7			2
		6				7	9	
7	2	8			9		4	5
8	6	2		1		9	3	4
		9	2	6		8		7
	7	5	3		8			
6	1	4	8	2	3	5	7	9
5	8	7	9	4		1	2	3
2			5		1			8

PUZZLE # - 93

Easy

5		2	7					1
	8		4		9	6		
			2	6	1	3		5
	1		5	2	4	8	7	
4		8	3	9	7	1		6
	3	5			8		4	9
8		3		7	2	5	6	4
	4		9			7	1	8
1	5	7		4			3	2

PUZZLE # - 94

Easy

7	8		3	9	4	5		
	9		2	8	1		7	3
	3	4		6	5		2	9
2	6	3		1				
	1		6			2	5	
9	5	8	4		2		1	
5	4	1		2		9		
8	7	6		5		1	4	
3		9			7	6	8	5

PUZZLE # - 95

Easy

8	4	7	2				9	
2		9		4			8	
	6		8	9	7	2	5	4
				1	9	8	2	
1	7	8				5		
9	2	6	4					3
7			6	8		9	3	5
5	8	3	9	7	1		6	2
	9			3	4	7		8

PUZZLE # - 96

Easy

1	6		8				7	2
				7	2			
						6	8	
5	2	9			3	4	1	
4	8	7	1				6	3
6		3		4	8			7
	4	6	2	5	7		9	
7	5	1	9		6	2	3	4
	9	8	4	3	1	7	5	6

PUZZLE # - 97

Easy

						4	1	5
				9	1			2
4	1	2				6	9	
9	7	6	2	8	4			1
3	4		9			8	2	7
1	2	8	5	3	7			6
	3				9	5	7	4
	9	7	1	4		2		8
	5	4		7	3		6	9

PUZZLE # - 98

Easy

1	5	2			3	4	9	8
9	3		4		5		2	1
6	8		1		2	7		
	1		2	5	4		7	9
4	7			3		5	6	
5		9	6	7	8			
8	6	5	3					
7	4		8		6	9		
2	9	1	5	4	7	3	8	

PUZZLE # - 99

Easy

3			9	1	6	5	7	8
	9	5	7		8			1
8	7				2	4		
7	6		4	9	5	3		2
	3			6	1		8	4
4	1		3		7		9	
		3		2	9	8		7
2					4	9	5	
	4	7	8		3	1	2	

PUZZLE # - 100

Easy

5	9		8		6	2	1	3
	8			3	2		6	9
3	6	2	9	1		8	7	
	4	7	3		1			
2	3	6	7	5			8	1
9	1		6	2		4		7
6	5	3		4		1	9	
	7				9	3		5
1	2		5		3			

PUZZLE # - 101

Intermediate

1	9	7	2			8		4	5
		5	9	4	6		7	1
	3	6	1			9		
	1		9	6	8	5		2	4
8	5			4	7			6	3
6	7			2		5	9	8
			8	1	2			
7						2	1	
5	2			6	4	8	3	9

PUZZLE # - 102

Intermediate

	6	3	9		2	5	1	4
1		9		3	5	7	2	
2	5	4	1	6		3	9	8
	3	7		4	9	2		
9		2	5	7		8	4	3
			2	1	3	9	5	
3	9	6		2				5
							7	
8	7	5		9	1			

PUZZLE # - 103

Intermediate

4	5	6		2	3	8	9	
8		1	6			2		3
		9	4	7	8		5	
		5	7	4	2	3		
7	8	4	3			5	1	
3	9	2	5	8	1	7	6	4
6		7						1
			9			6		
					7		3	

PUZZLE # - 104

Intermediate

			3		4	9	8	2
4	8		6					7
	3			9	7	4	6	
1		8	4	3		7	9	6
9		3	1		8			4
		4	2	6			1	
8			7	2		1		
3		2	5	8				
5	1	7					3	8

PUZZLE # - 105

Intermediate

3	1				4	2	5	
	5		1					
2								1
5	8		4				3	
9				6	5		1	
		1	3	8	9	7	2	5
1		8	9	3	2	5	4	
4	2	5		7	1		8	9
	9			4	8	1		2

PUZZLE # - 106

Intermediate

9		5		6			3	8
6		2	9	8		5		7
7	3	8	4		5	2		9
4	7	1	3	9				5
2	6			5		3	8	4
8		3		2		7	9	1
1		4	5		6	8		2
				4	1		5	
		6	8	7		1	4	3

PUZZLE # - 107

Intermediate

4	3	6	9	1	2		5	
7	2	5		3		9		
	1		7			2	3	4
8					5	7	6	
1	4	2	8	6	7	3		5
5	6	7	3	2	9	4	8	1
		9		8	1		4	
6				9		1		8
				7			6	9

PUZZLE # - 108

Intermediate

1		2	4		9			8
9	6	4		3	7	1	5	2
7	3			1		6	9	4
5		3	6	2				
4		1			5	8		
8	2		9	4				7
3	8		1					5
	1				6	4		3
6			2			7		9

PUZZLE # - 109

Intermediate

		8			2	5	3	6
6	9		7	8		1		
4		2	1		3			8
	2	6		1	8	9		7
9	7		6		4			2
8		4		9			1	5
2	6			9				
3	8		4	7	1		6	
			5	2			7	3

PUZZLE # - 110

Intermediate

			1	9		4	3	5
	9	3	2	4	5			6
			8		3	1	9	
	2		5	1		8	7	
	8	9	7				6	
7	1	5	9			3	2	
6			4	5			1	
		2		8	1	6		
8	5				7	9	4	3

PUZZLE # - 111

Intermediate

	9		2	1	3	7		5
	1			9		2	4	
			4	7			8	1
		3	7		6	1	9	8
5	8		3			6	7	
6	7		1		8		5	
	4	7	9	8	1	5	2	
1	6	2			7		3	
9				3		4	1	7

PUZZLE # - 112

Intermediate

7	3	4	6	8			5	
9	5	2	3	7	1		4	8
8			9					2
1			7	3			6	
						9	3	4
3	4	5		6	9	7		
5	2	3	4	9				7
		1	8		3			6
	9	8	1	5	7	4		

PUZZLE # - 113

Intermediate

	3			8	5	4	6		
	6	4	3	2		8			5
		9	6	7	1		3	2
	2	1		9	5		8	6
5		8			3	9		1
	9			1	8	7		4
	1	5		8			6	
	8	2		4		5		
9	7				2		4	

PUZZLE # - 114

Intermediate

			3	9				1
	1		8	2		3	9	4
9	3		1	7	5	8	2	
			9	1	3	6	8	5
	9	3	2	5	8			7
	8	1		4		2		9
1	4		5	3		9		8
3	5	9		8				2
	7	2	4			5		3

PUZZLE # - 115

Intermediate

5	6	7	4		9		1	
9	3	2		8		7		
8	4	1	5		3		6	9
6		3			2	1		4
	8		9	1	6		3	
	9		3	4	7		8	2
		9		6		8		1
		8		3	5		7	
	5		1			4		3

PUZZLE # - 116

Intermediate

6	9		5			2	1	4
7	5	1				3		6
		4		6		7	9	5
	2	6	7					
3	7	5	4	9	1	8	6	2
1	4	9	6	8			7	3
			2		9		3	1
		2		1	7			
4						9	2	

PUZZLE # - 117

Intermediate

2	9	1			3	7		8
5						3	1	
		7	2					6
1	4	3	7	8		6		
	5		1		6			7
7	2		4		5	1	8	
4			9			2		3
8		2	5	6	1	9		4
			4	2			5	1

PUZZLE # - 118

Intermediate

	5		1	3	8		9	6
6	3	9		2				
1	8		5	9		2	3	7
	4					6	2	8
	1	6	3	4		7		9
2				6		1	4	3
		8				3	6	4
	9	1	6	8		5	7	
4	6			5	3	9		

PUZZLE # - 119

Intermediate

6	5		3		7	1		2
8	3	9	6	2			7	4
7		2			5		3	9
2	6	1	7		8		9	
3				6	2	7	5	
5	9	7	4		3	2		
	7		2	8	4			5
1				7		8	4	
			1	3	6	9		7

PUZZLE # - 120

Intermediate

3	1			2	6			
6	9			8	7	3		5
7	4	8	1	5	3	6		
				6	1		4	
4	8	6	2	7			5	
9		1	3		5			6
			5	9	8		6	4
	6	4		3		9	8	
		9		1	4		3	7

PUZZLE # - 121

Intermediate

		7	2	8	1	5	4	
8	6	1	4	7				2
2	5		3					
	7	3	8		2			5
6			7			4	8	3
4	1	8	6		3	7	2	9
	3	9			8		5	
1				3	4	2	9	
	4				7			8

PUZZLE # - 122

Intermediate

9								7
4			9	2	6	8	5	
						6	4	9
6	8	9		5	3	7		
1	3		7	6				5
2	5		1	4	9			8
	4	5	8	9	2	1	7	
8	2	1	6	7			9	
7	9	6	4	3		5		2

PUZZLE # - 123

Intermediate

8				3	1			4
1	3	6	2		4	8	7	5
9	5	4					3	2
	1	7	3	2	9	4	5	8
2	9	3			5			
4	8	5			6	3		9
	4	8	9				1	
			4	5	3	9		6
			1	8			4	

PUZZLE # - 124

Intermediate

	6	7		9	2		4	1
2		1	6		7		3	5
9		5		3			7	2
8					3		1	
5			9		4		8	6
	7		1	8			5	9
1		4	3	6	8		9	
6		8		7	9		2	
		9	2		5		6	8

PUZZLE # - 125

Intermediate

9		3	6		2	8		
	4		7	1		9	6	3
		6	8		3		7	
7		2		6	1	5	8	
1		5	9				2	
8				5		1	3	9
			5	3		2	9	1
3	5	9				7	4	6
6			4	7		3	5	8

PUZZLE # - 126

Intermediate

	4	6	3		9	7	1	
	9		1	6		2		5
7	1			5	6	3		9
9		1		3	6	5	8	
3		5					9	1
4				9	1	3	2	
		6	5		8	7		2
	7	4		8				3
			7	1		9		4

PUZZLE # - 127

Intermediate

5	8		9					4
	1	6	7	3	4			2
4	3	7			8	9	1	6
8		1	4	7	6			5
3		5	8			2	6	
6	7		5	2			8	
1	9		6		7			3
2		4				1		
7	5	3		9		6		8

PUZZLE # - 128

Intermediate

6	1	5			7	3	4	2
				2			1	6
	3		5				9	
8	5	9	2	6	4	7		
		1	7	5	8			9
7	4	6			3	2	8	
1				5	9			
5		3		2	1	6	7	
		4		3	9	1		

PUZZLE # - 129

Intermediate

	8		2			5		1
1		4		9	5		7	6
6		5	3				2	
	9				8		3	
		8		5			1	
7	3	2		4			8	5
9			4	8	1	7	6	2
	4	7	5		2	1	9	3
	1		9	3			5	4

PUZZLE # - 130

Intermediate

	1	9	2		5		3	
	2			7	9	5	8	
3	8	5				9	2	7
9				4	8	6	7	3
4	7		9		2	8		
	3			5	6	2	9	
		8	4	2			5	9
		7		6		3	4	
2		3	5			1	6	

PUZZLE # - 131

Intermediate

9	1	8		2		5	6	
				7	5		1	4
				6	1		2	
3	2	5		4	9	1		
1	6		7	5	8	4	3	2
4			1	3			5	
8		6	3	1	7		4	
7		3		9	4			1
2			5	8				3

PUZZLE # - 132

Intermediate

9	5		1	7			6	3
3	8		9		5	7	1	
7	1	6	8	2			9	
	9	7			2		4	1
				4			2	8
4				6		7	5	3
						3	2	6
		6	3	2	4	1	9		7
2	7		5	3				4

PUZZLE # - 133

Intermediate

5		1	8	3			6	
6	8	9	4		1			
2		4	9	5	6	8	1	7
4	6	5	7	2			8	1
8		3		6			2	9
			1	8		6		5
1					7		5	
3	5			4		1	9	6
9		8			5	4	7	3

PUZZLE # - 134

Intermediate

3		1	4	6		7	2	5
8	4	2		7	5	6	3	9
	7	6		3	9			8
4		5				1	8	
	1							4
	6	8	7	4		2		
	8		3		7			2
	5		8	2	4	3	9	
			9		6	8		1

PUZZLE # - 135

Intermediate

8		9	6			7		
4						1		
	6	3	7		5	9		
3			1	9	2		5	4
5	1		3	6	7	8	9	
9	2	6	4	5		3		
2		1	8			5	3	6
7						2	1	
	9	5			1		8	

PUZZLE # - 136

Intermediate

7	6		1		2	3	5	9
			7	6	5		1	8
1	5		3				7	
9						8		2
		4		9				
	8	6	4	2	7	9		
	4	9	5	7	8	1	2	3
8	1		2			6	9	7
2						5	8	

PUZZLE # - 137

Intermediate

2	8			6	3			4	
4	5				2		3		1
				1				2	6
				3	7		2		
1	7				4		8		
	2	3	5			8	1	7	
	1	7	4		9	2		3	
6	4					3			9
	9			7	5	6		1	2

PUZZLE # - 138

Intermediate

2	6	8	3			5	1	9
			9	8	5			6
	7	9	2	1			4	
9	4	2		3	1		8	
1		3		4	7			2
6		7	8	9		1		4
7				2	3	6		
	9				8		2	7
8	2	4			9		5	1

PUZZLE # - 139

Intermediate

	3	7	2			8		5
8	2		7			4	9	3
			3			2	7	
	1	4	5	2		7	8	
5			9		1	3		4
	9	2			4	6	5	1
	7	1	6	8		5	4	
2	4		1	5			6	8
	8			9		1		7

PUZZLE # - 140

Intermediate

	8	4		9			2	
		3	4			1		
6	9			1	2		3	4
7		1	3	6	9	8	5	
8	5	9		7	1	4		3
3	6		5	8		9	1	
5						3	4	8
9	3	8						
			1			6		

PUZZLE # - 141

Intermediate

9	5	2		8	6	4	1	3
3	4		1	9		6		
6	7		5					8
8	3	7	4	5		2		1
1	2	5		6	7	8	4	
	6		2			7	3	5
		6	8		3			
7				2				
2			9	7	5	3	8	6

PUZZLE # - 142

Intermediate

5		3		2		6		4
9	1	6			5	7		2
				3		9		
	5	8		7				9
	7	2		4		5		3
	3	9	2		6	1		
8	9	1	3			2	5	7
3	6	5		9		8		1
	2	4		1		3	9	6

PUZZLE # - 143

Intermediate

9			4	8		7		3
7	6			9		1	4	
						5	9	
		8	9			3		5
	2		1		3	8	7	
1		9			5	2	6	
3	9		6		7		8	2
	1	6	3	4	8	9	5	7
8		7				6		1

PUZZLE # - 144

Intermediate

8	9		3		1	2	6	5
	6		9			4	1	
	4	3	2		5		8	9
	1	5		2	9	8	7	
9	7	4	6				2	
2				1		9	5	
	5					6	3	7
	3	8		7			9	2
			1	3		5	4	

PUZZLE # - 145

Intermediate

			9	4	8	2	3	
9	2	3						1
4					5			
	3	7		8	6			
8	6	1	4	7	9	3	2	
5				1		6	7	
1	4	6	7			9	8	2
		2				1	6	
3	8	9		6	2	7		4

PUZZLE # - 146

Intermediate

2	7			9		8	3	4
	3	9	2		4	7	6	
6		8			3	9		5
1			3	7		5		
		4	1	5		2		6
		2						3
8		5	4	6				7
		7	8		5		1	2
	1	3		2		6		8

PUZZLE # - 147

Intermediate

		7	3		2			8
1		2	6	8	4	9	3	7
8	4	3	7	5		6		
7						3	2	1
							6	
		1	4			8		5
3	7	5		9		2	4	6
4		6	2	3	7			
	8			4	6	1	7	3

PUZZLE # - 148

Intermediate

	3	6		7	2	9	1	
4	9	1	6		3	7		
2			9	1			6	
7		4	1			5	3	
		3	4		8	6		1
1		8			6	4	2	9
					5	1	9	
	5	4	9	3		1	2	8
6	1				7		4	5

PUZZLE # - 149

Intermediate

				5	8	2		
8	5		3	2			1	6
	3	2				9	8	
5	7		2			3	4	1
		6	8	4	3		7	9
3	9		5	7				
9	8				5	4		7
	4	3		9	2		5	
	2	5		8	7		9	

PUZZLE # - 150

Intermediate

1	3			7	6	8	4	2
			1	4	8		3	9
4			9	2	3	1	5	
5	7		4		9		2	3
	4	1		5	2	9	7	8
9		2	8		7	5	1	
	5			8			9	
7			4		6		8	1
	1	3	7					

PUZZLE # - 151

Intermediate

	9			8				
8	3	1	2	9			4	5
	7	4			6			
4	6			3	8	7	5	2
			6	5	2		8	9
			7		9	1	6	3
7	8	5	9		1		3	4
	4	6			3		7	1
		3	8		4			

PUZZLE # - 152

Intermediate

2	1	5		4	3	6		
9			2	8				7
8	6	7	1	9		2		3
7	2					5	3	6
			3	5	2	7		
3		1						
5			4	6		3	8	
1	7		5		8	9	6	2
6				2		4	7	

PUZZLE # - 153

Intermediate

			1	3	6	5		
2	1		8	4	9	7		6
3	6	8	7				4	
					8	6	5	2
7	5	4		6				1
6	8		3	5			7	4
	9	3		8	4			7
		1		2	9		4	5
4					7		9	3

PUZZLE # - 154

Intermediate

1				6	4			
4	2	5				8		6
		7			9	4	1	5
3					2	5	7	
7	4	2	5		8	3	6	
		1	7	3	6	9	4	2
				2	1		8	7
8		6			7	2		
2		3		6		1	5	

PUZZLE # - 155

Intermediate

	7			8			5	9
		8	4			3		6
3	4				5	1		8
	3	4				5	6	7
	9	2	5	6	7	8		
7	6			3				1
4	2	6	3	9		7	1	5
		3	7			9		2
9	8	7	1	5		6		3

PUZZLE # - 156

Intermediate

4		2					1	9
6		7	9	8	5	3	2	
8	3	9			4	7		
	8	6	2	7	3		4	5
			6	9	1		3	
1	2		5		8			
3	7	1	8	5	6			2
2			4	3				
5	9	4	7	1		6	8	

PUZZLE # - 157

Intermediate

1	2	5	6				3	9
7		3			9		8	6
9	8		3	2		7	1	5
8		2	7		6			
3	5	9		4		1		7
		4		3			2	
			4		7	9		
			1	9	3	8	4	
4	9	1						

PUZZLE # - 158

Intermediate

7		3		9	6	4		5
	9	8	7	5	4		2	
4	1	5			8	6		7
	7		8	1	3	2	4	6
8	3		5				1	9
				7	9	5		
1		2				9		
9	4	7				8	5	3
3		6					7	2

PUZZLE # - 159

Intermediate

	5		8	1		6		7
		9	5		7		3	
	6	7	2			5		9
9	3				8	4	7	2
		1		2		8	5	
		2			3		6	1
6			3		1	2		5
		4	7	8		3	1	6
	1	5		4			9	8

PUZZLE # - 160

Intermediate

	7			1	8	5		2
	1			5	7	8		
	8	9	4	2			6	1
9	4		7	5	1	8	3	6
1	3		9	6	4			
	6					4	1	
				8		6		7
3	5	6	2		9	1		
	2	7	1				5	3

PUZZLE # - 161

Intermediate

6				8		4	1	3
	4	1		7		2	8	9
2	9	8			3	7	6	5
	2		4	9	6			8
		5		3		6	9	4
4		9			1	3	7	
	8			5	4	9		
		4	3	6	8			
5								7

PUZZLE # - 162

Intermediate

5			2		3	7	1	8
9	3	1	6	7		2	5	4
8				4	5		9	
	8				2			
			8			1		
	4	3	9			8	6	2
7	1			2	9	5	8	3
	2		7		6		4	1
4	9	8					2	7

PUZZLE # - 163

Intermediate

4		1			7	6		
	2			9	8	7		4
	7	8		6		1	2	
7		3		1	4	8		2
	4						1	6
	8	9		3	6	5		
9	3	7	8			4		
2			6	7	3		5	8
	5			4	1			3

PUZZLE # - 164

Intermediate

3			2	8	9		1	
	5		3	7	4		6	2
9	2	4	5	6	1	7		
4	9	8	6		7		3	1
2								
			9	3				7
6	1	9	7	4			2	8
	8	2	1	9	3	6		
	4		8		6	1	7	9

PUZZLE # - 165

Intermediate

2			6	8	1	5	3	9
	8		7	9	3		4	
9		6	5	4	2	8	7	1
	5			7	4		9	3
3		9		1	6	4		
1		4		3			2	8
			5			9	1	
4		2	1		7		8	5
8		5		2				

PUZZLE # - 166

Intermediate

4	5				9	3	8	
				8	5			
9	8		6	2	3			
	1		5		8	4	3	
2				3	1		6	8
8	3	6	7	4				
3	2				7	6	5	
1		7		5	4		9	3
5	9			1		2	7	4

PUZZLE # - 167

Intermediate

	8	4	1		5		3	
2		3		6				
5	6	7	8	3	4	9	2	1
7	2	9	6			4	8	
6		8		4	2		9	5
			3	9			7	
	7				9	2		
8	9			1		3	5	7
4			2			8	6	9

PUZZLE # - 168

Intermediate

	6		2		8	1	7	
		3		7	5		8	2
8	2			1	9	3		5
7			3			6		9
1	9	4	7	5		8		3
6	3			8	4	5	1	7
3		5	1	4		7		
9	4	1			7			
			8	9		4	5	

PUZZLE # - 169

Intermediate

4	1		2	8	9	6	3	
6		3	1	5	7	9	2	
		5	6			8	7	
	7				1	5		
9		6		5		8		
3		1	8			4		7
7	6			1	8		4	
5			3	2	7	1		
		9	7	6			5	

PUZZLE # - 170

Intermediate

	1	8	3	4	6	2	9	
3			2			1	4	8
2		4	1	8	5		6	
4		6	7		3	9	8	
			5					4
1					8	6	5	
	7	1					3	9
5	4	3	9	1	7			
6	2	9		3		5	1	7

PUZZLE # - 171

Intermediate

2	6	9		1			8	7
		7					6	5
1		8	6	7	3		2	4
4	8	6		3	5	2	9	
9			8	6		5	4	3
		3	4	9	2			6
6	3	5			7			
8		4		5			3	2
	2			4	9		5	

PUZZLE # - 172

Intermediate

	3	5	6		1	2	9	7
8	7		9		4		3	
	2		3	7	5	6	4	8
		8	2		3	9	7	
2	4	3	7				8	5
								4
7				5		8		
6			8	3	7		1	
	8		4	9	6	7		2

PUZZLE # - 173

Intermediate

			6	5	2	4	3	1
2	1			7	4	8		6
6		4	1				7	2
4	2	8		9	1		6	7
3	9			2	7		8	
1	7	5						3
8			7	6	5		2	9
5	3	7		1	9		4	
9				8			1	5

PUZZLE # - 174

Intermediate

		3	6	7	2	4		9
2	4	9	3		8	5		
7			4					
6				2	3	8		4
	3	7	5		1	6		2
9	8				6			1
3				9	5	7	1	6
8	9	6	1		7	2	4	
1	7		2	6		9		8

PUZZLE # - 175

Intermediate

				6	9			7
7		1	8		3			
4		9	7	2				
	5	8	4		2	6	7	3
1			3	9	6	5	8	4
3	4	6		8		1		9
5	1		6			4		
2		3	9			7	6	
6	9	4	2		1		3	

PUZZLE # - 176

Intermediate

3	5	2			6			7
7	4		2	1	8			9
9	8			7	3		4	
2	3	8			9		7	
		4	7	3				8
			8	6		5	3	4
	2	3		9		7	8	
6			1	8	4	9		3
	1	9	3	2	7			

PUZZLE # - 177

Intermediate

7	6		5		3		9	2
		2		9	8	6	1	
8					4		7	3
		3	2		5			7
	9	7	3		1		5	
	5		9				4	1
		5			9	1		6
	2	1		5	6		8	
	8	6	1		2	4	3	5

PUZZLE # - 178

Intermediate

			6	8	7	2	4	
9	4	6	1	2	5			
	8	2				1		5
2			3	1		6		
6	7		4	5			9	1
	1	5	7					2
		7	2		3			8
	2		5		1	3	7	6
1	3	9	8			5		

PUZZLE # - 179

Intermediate

			2	6	1	8	9	3
1	6	8		3		2		5
3	2		4					6
4	1	5		7		6	2	8
7	8	2			6			9
						1		
		6	3			9		
8		1		9	5		3	2
	3	4	8			5	6	1

PUZZLE # - 180

Intermediate

		8	7		9			
		1		6				8
	7	4	2	3		6		
		6	5		1		9	7
	1		9	4		5		2
9	2		3			4	6	
	5	2		7	3	9	4	6
7		3		9	2	1		5
		9	1		4	2	7	

PUZZLE # - 181

Intermediate

	6			3		1	9	4	7
4	1				9	2		5	8
5				6	4	8			
		6							
	3		8				1	7	6
7	2	8			5	4	3		
	5		2		3	7	9	4	
3	8		4	7		2	1	5	
2		4					6	3	

PUZZLE # - 182

Intermediate

	4	1		6	2	7		5
8		2			1		3	6
5	7			9			2	
7	6	8		5	9		4	1
4	5						8	9
			3		8		5	
1	3			2	6		7	
6			7	3		9	1	2
		7	1	8	4		6	3

PUZZLE # - 183

Intermediate

	1				5	7	3	8
			6				2	5
3	5	9	7			4		6
		6	5	7				1
7		1		9		5		
		3		8	4			9
	8		4	6	7		9	3
2	3		8	5	9	1		
9				1			5	7

PUZZLE # - 184

Intermediate

	5	7	6		3			
	6	2			1	7		
9		8		5				6
	9	5		1			2	7
6	2		4	7	8			
	7			2	5	3	6	4
5			7	3	9	4	8	
	3	9	5		4		7	1
7	8		1	6	2	5	9	3

PUZZLE # - 185

Intermediate

	7		1	5		8		2
		9	6		2	4	5	1
	5	2	8				9	
2				6				4
	1	8		4	3	5		
7		5	9		8	3		
		4	3	9	1	7		5
	6		7			2	4	3
5				6		1		

PUZZLE # - 186

Intermediate

	1	5		8	7	3		4
	9				3			1
				2	1	5	9	
	4			6	2	1		
7	5	1		9	4	2	6	3
		6		3	5	4	8	
5	6		4	7	9		1	2
	8				6		4	
1			2		8			6

PUZZLE # - 187

Intermediate

2	8			7			1	6	
		1	8	4		7		3
	5		2		1	8	9	4
5		8			7	3	4	
		2	5		3	9	7	6
	3		6	1	4		5	
	2	6			8	4		7
8	7		4	9		5		
4		5					8	

PUZZLE # - 188

Intermediate

2			5	9				3
4	9	6	7	3			8	
	5	3	6	8	4			
	6	5	1		9	7	3	
9			2		7	4		
7	4	2	8	6	3		1	
	2	4	3	1	5		8	9
5	1	8	9		6		2	4
3						1	5	

PUZZLE # - 189

Intermediate

1	8	2	4	9	7		6	5
	3						4	7
4	7	9	6	3		8	1	2
2				8	1	4		6
	4	1	3	5				
	6			7		5		
						7	2	
5	2	4		6	3	1	8	9
3					8	6		4

PUZZLE # - 190

Intermediate

9							4	
3	4				6	5	2	1
8	2	6	4		1		7	9
6	3		5			4		7
	1		9	7	2		3	5
		9		6				
7	8	3	1	2	5	9	6	
2	9	5	6					8
1			7	8	9	2	5	

PUZZLE # - 191

Intermediate

3	2	4			7	9		8
5		6	3	8			7	1
7			9		5	6	3	2
1	6			2	8	7		
9			4	3				6
4		2			6			5
8		7	2	5	3	1	6	
6			1	7	4		8	3
2		1						7

PUZZLE # - 192

Intermediate

1		9	5			3	4	7
		7	3	8	1			6
2	6			4	9	5		8
5		8						9
9	3			6	7			
6		4		5	8		2	3
8		5					3	1
		2	8	9	4		6	5
7	9	6		3	5	4	8	

PUZZLE # - 193

Intermediate

6	3	5		1		2	7	
7		2		6	9	1		8
8	1	9			2	4		3
	6			3		9		
	9		7	8			2	1
	5	8		4	1			
9	7			5		8		
	8		4			6	9	5
5	2	4	6		8	3		7

PUZZLE # - 194

Intermediate

9	3		1		4			7
8		7		3	6	4		2
4	5		2		7	9	3	
	2		3	4		7	1	9
1	4	9	7	2	5	8		3
7			6		9	2		5
	6		5	7				
2	9		4		3	5		8
	7			1	3			6

PUZZLE # - 195

Intermediate

6	4		3	1	8		7	
	3		6	5	7		8	
						1	6	3
5			7		9	8		
			5		2		1	
2	6		8	4			5	9
3	2		4		6	7		
		8	2	7	5		3	1
7	5		1	9		2	4	

PUZZLE # - 196

Intermediate

5		4	1	9	3		2	
	3				7	1	9	5
1					2			
	9					2	7	
7	5	1		2	4		3	6
4	2	8	7	3			5	
9	6		3	1	5			8
		7		6			1	
	1	5	4	7	9	3	6	2

PUZZLE # - 197

Intermediate

2		5		3		1	9	8
	4						7	6
	8	6		7	2	4	5	
7	3	1	6		4	5	2	9
			1			8	4	7
4	2			5				
		2			7		8	
	8	6	4		9	1		3
5			3	4	8	6	1	

PUZZLE # - 198

Intermediate

	4	5	8		2	7	1	
2						5	6	
8	6	3		5	7	4	9	
	2	6	7		5		8	
	1	8			4	6	5	
			6	8	1		4	7
6	9	7		1	3	8		
	3				8	1	7	
		4	2	7			3	5

PUZZLE # - 199

Intermediate

	3		2	8				9
	1	2	3		4			8
	4	8		9			3	
	5		7				1	
8	9		4		2	5	7	
2	7	6		1	5			
5	2	3		4	7	9	8	1
	8	7	9		3	4		
	6		1	5	8			

PUZZLE # - 200

Intermediate

6		3			4	8	9	
9			3	6		2		
	1	7			9		6	
8	3		1	4		7	2	9
4	6						3	8
7				5	3	1	4	6
1	8		4		5	3	7	
			6	3		9	5	1
		9	7	2	1		8	4

PUZZLE # - 201

Difficult

			1	7				6
	6		2		5	1		
				3			9	
3	8		9	2		4	6	5
5	2		3	4	1			9
	9		5	6	8		3	1
2				1		9		
	3		4	8		7		
			7	5			8	

PUZZLE # - 202

Difficult

		7	1	9	4			6
		3	7		5		4	
	5				8			
	7		5	4	9		2	8
	1	8				9	3	
	4					6	7	
2		5	9	6				
		9			1	5		2
	3	1		5	8	7		9

PUZZLE # - 203

Difficult

1	2				5			
8			9	7			5	3
	9	3	4		2	7		
2					3		6	
					7	9	3	5
3		5	6	8	9			
4	1		3		8	5	7	6
	3	6		5				
		8	7					4

PUZZLE # - 204

Difficult

	5		1		6	3		2
1			3		5			
7		6		4			1	5
	7			8	1			3
5	1						8	
2		3		6	7		5	4
8		7					4	1
3			7	5		8		
	4	5	2					6

PUZZLE # - 205

Difficult

3	6			4	5			
	5	4		1			3	6
				3		5	4	9
5	1		2	8		6		3
				5		2	7	4
		9	3		7	1	8	
			8					2
	8	1		2		4	5	
	2	3	1	4		9		

PUZZLE # - 206

Difficult

4		9		1	2			3
1		8		3	7	9		
		7	5			8		2
9						2	6	
2	8			7		5		
7	6			2		1		9
3		1			8	7		6
5			7	6		4		
			2	4				1

PUZZLE # - 207

Difficult

		7		6			3	
		9					1	5
4				1	8		6	
5	7			8		6		
	1		4	9	6	5		2
9				5			8	
2	8		7	4	9	3		
6	9	3		2		1		7
7			6			9	2	

PUZZLE # - 208

Difficult

6			3			2	5	
4		8		2	5		1	9
	2		1				6	
1	8			3		4	2	5
		4			1			6
	6		4	8	9	7		
	5	3		6				
			5			6	9	
	4				3	5	7	2

PUZZLE # - 209

Difficult

		6						
7		3				8	4	9
1	5							6
		4	2	8		7	1	5
	7	1	4	5	9			
	8		1		6		3	
8			7			4		3
2			3	9	4	5		
4		9		6	8	2		

PUZZLE # - 210

Difficult

9			5	2	6	7	8	4
2		4		3				9
7		8			4	3		
1			4					2
6		5	9					7
	7	2			5	9		1
8			2					3
5		1			8	2		6
	2			6	9	5		

PUZZLE # - 211

Difficult

	2		8					3
9	4	3		6		2	7	8
7	8	1	4		2	6	5	9
			2		4			7
4	1							
					3		9	
	6		3	7	5	9		2
	9	4	1	2				6
2	3			4			8	1

PUZZLE # - 212

Difficult

7	9					8	4	3
6			7	3				1
	2	3				6	7	5
	1		3	7		9	6	
			4	9		1		8
			1			7		4
5		9	8			4	2	
2	8		5	4	9	3	1	
	4	7					8	9

PUZZLE # - 213

Difficult

	1	2	5				7	
	4	7	1					
		8	9		7	2	6	1
		6	2	8			1	7
7	2		3	1			8	
					5		2	
4		5	8		6			
2		9			1	6		
		1		9	2	7	5	

PUZZLE # - 214

Difficult

	7			1	5			9
	6		4	8		5	7	
	9	8			2		6	4
	5	6		2		7	4	
		1	3		6	2		
8	2	9	1				5	
6	1	5				4		
2		4		7			3	
		7			8			

PUZZLE # - 215

Difficult

			6			2	4	
3		4		7				
6	8			9				1
	7				1		4	8
4	2	6		5	3		1	7
8			9	4		5		
	4		3	1	9	6	7	
1				2	6			
7	6		5					2

PUZZLE # - 216

Difficult

	4	7		2		9		
				1		6		
6	2	3		5	9			
3			5				8	
8	7	9			2	4	3	5
			8	3	4	1	9	
7		8			5		6	1
4			9				7	
		1		7			4	9

PUZZLE # - 217

Difficult

1				4	5		2	3
	2	4		7		6		1
	5	3	6	1			8	
			3			1		5
	3	8	1	9				
5		1	7	2		3		
			2	8	4		3	
	7	5		3				6
	4		5					9

PUZZLE # - 218

Difficult

			2			8	1	9
8		6	5	4	9			3
	7	2	3	8	1			4
1		7	4	6		9		5
	6	9		1		4		2
	4			5			8	
			7		5	2		8
	5		6	2	4	3		
3				9		5		

PUZZLE # - 219

Difficult

5	7		9	1			2	4
		3	4	7				8
4	8							
		4			1			
	6		8	9	7			
		1		4	3	6		
9		7	1			8	5	3
	3			8		4		
6		8		3	5	2	1	9

PUZZLE # - 220

Difficult

	3		7			9		
7		4			6	5		8
9		6		8		2		3
2			6		5			
4	5				7	3	2	
	6	7	9	4				
	9		2	7	8	1	4	
5						7	3	
	7	2				6	8	

PUZZLE # - 221

Difficult

		3					4	8
	4				2			3
			4		3		6	1
3		9					8	6
8					4		9	
5				9	6		7	
	3		1	5			2	9
	6	8	2		9	5	3	7
9			3		7	8		4

PUZZLE # - 222

Difficult

	2			9		1		
	9	6		7		4		3
1	8			3			6	
	1	7	2	4	3			
6		5	7		9	2		8
				8	5			1
	6	2		5			1	9
		1			8	6		
	5				4	7		2

PUZZLE # - 223

Difficult

3		8			1			
4		7	2	5		8	3	
	9			8	5			
6	4	9	1				5	7
2				3			4	6
	7	3	6			2	1	8
7			4	5	1			2
9	1							
			9	1				3

PUZZLE # - 224

Difficult

	9	6	5					
7	2	1			9	4	8	5
		4	8	7			9	6
3			2		7		6	9
			9	3	8			
2								
9	7			5			2	4
1		3					7	8
		2	7	8			1	3

PUZZLE # - 225

Difficult

1	4					9	3	
3	9	6		1			4	
7	2	8		9				
	1		9	4	2		6	5
		2			3		8	
		3	1	8		7	2	
2				1	8		9	
						1	5	8
5				3	9		7	

PUZZLE # - 226

Difficult

9		7					4	5
5	2			1		8	6	
8			4		5	3	9	
	8		7	5	1			4
	7	5			6	2		
1	4		8		2			
				9	7	4	1	
4		6				7		
	9	8			4		5	

PUZZLE # - 227

Difficult

2			7			4	8	6
	9	7				5	2	1
	6	1	5		8		7	
7		2	6		4		9	5
		4				1		
	1	6	9		2	7		
				8	3		5	4
5	2					8	1	
			2		5			

PUZZLE # - 228

Difficult

1		3	4		5	7	2	9
	5			1		3	6	
			7		6		5	
					5			
5		6	3	7			9	2
	7	2				6	8	3
4	9		5					7
	3	1	9	2				5
7				4	3		1	6

PUZZLE # - 229

Difficult

2				9	8	4		7
	8	9				3	6	
4			3	2	6		9	5
	5			7	4			1
7	3			5	9			
6		1	8	3	2			4
3	4				1		7	
	7			5	9		4	
				3				6

PUZZLE # - 230

Difficult

1				7		3		
	2			3		1	4	5
5					6	8		2
	8	1		6			9	4
	6	5		9	4	7		
9			5					
8	1	2	9		3		5	7
	3	6	1		7			8
					8	4		

PUZZLE # - 231

Difficult

1		8			3	5		
		4		1			7	8
7	6	5				3	1	
	4	7	3		6			
5		3	1		2	4		
	1		4				9	3
	7	6			1		3	
4	5		2		9		8	6
3		9	7				4	

PUZZLE # - 232

Difficult

6		3		9				8
	8	9	7				2	
			5		8			4
			8		7	5	9	6
	2	8	3			1		7
		6	9		1			2
7	9		1		4			
	3	4		7		2		1
	6	5	2		4			

PUZZLE # - 233

Difficult

			5	1	3		7	
4				7				
6	7	5	2				8	3
	3			6	8	9		2
2	8	6		5		7	3	4
				3	2	5		8
3	5	2		4				7
		1	3	2			4	
				7				

PUZZLE # - 234

Difficult

	3	2	1	6				9
	7	4	9					
			7			2		
	1			5				7
	2	3			9		6	
	6	7	4		2	8	9	
	4		5		1		7	
3		1			7	5		2
		9		4	8	6	3	1

PUZZLE # - 235

Difficult

1		5		3		9	7	8
8		3	1		7			2
7			4	8	5		1	
6		4	7	5	1	2	3	9
5								6
		1				7		5
3		6	5		4		9	7
4	9		6					1
2				1		3	6	

PUZZLE # - 236

Difficult

1	2	3	4		8		9	
4	8	7	5	6				3
6				3		4		
				9				
	7					5		
	3				6		1	9
3	4		9			2		6
7			6	8	3		5	4
	6	9	7	4		8		

PUZZLE # - 237

Difficult

		8			3	7		
	7	4			9	8		
		1		8			3	4
						3	9	
9	3	2		7	6			
4		7	3			1	6	2
	1		6		4	9		
7	6		9		1			8
		9	7			6	5	1

PUZZLE # - 238

Difficult

8	3		7			9	2	6
9		7			5	8	3	
	6				3	5	4	7
			3	7	2		5	9
2		9	5	6			1	
						7		2
				9		3		
7	1	6		3				
		8	2	5			7	

PUZZLE # - 239

Difficult

4		3					2	7
8	2			6	7			
7	1		4		2		5	
9		1					8	5
	4	8	7	5	1		9	6
3	6		2	9				1
	3	2	9					8
	8	4		2	5	9		
5			1			4		2

PUZZLE # - 240

Difficult

4	8		2			3	7	5
	6			9		2		8
1	2	7	8					6
		4		6			2	
	1			4	2	8	5	
		2	7	8	1			
2					9	1		
6	3		1				8	2
9							6	4

PUZZLE # - 241

Difficult

7	3		8			6	4	
			7		3		9	8
8	4		1		9			
5	8	3				1		9
	7	6	2	9		8		
2		1		8				
	2	4	5	3		9		
		7	9			2		6
			6				3	5

PUZZLE # - 242

Difficult

	7	8			6	3		9
			7	1	3	8		
	4	3		8				
			3			4	7	
	1				7	5	9	2
			5		4	1	8	
7		5		3			1	8
	8		6					
6	3		1	7		2	4	5

PUZZLE # - 243

Difficult

					7		8	9
9	7	4	2		8		3	5
3				5	6			
6		5	8					4
	9			3				
8	4	2	5		1	7		
2			4	8	9	5	7	
				5	3			6
4	5	1		6			9	8

PUZZLE # - 244

Difficult

	6	7		3	2	8		1
	9	1		4	8		5	
3	8		1	5	7	2	9	
	1						7	
			5		4		6	8
		5			6			3
7	4						3	9
		2		9	5		1	
				6	3	7		

PUZZLE # - 245

Difficult

5		2					6	9
1		9	2	6	3	5	4	
8	6	4	7		9			
		6	9			4		2
4	8			7			1	5
				3	5			6
			5			6	9	
6				9	7			
9				1		3	5	

PUZZLE # - 246

Difficult

2	5				7			
		3	5	2	4		6	8
4	8	6	1	3		5		
6		5	4	7	3	8		9
9	4	7		1				
				6		4	5	
5	7		2				3	
1		2	3					
3	9							1

PUZZLE # - 247

Difficult

7	1			6	8		3	
8	2	3	7	9		1	4	6
	4	5	3		1	8		9
	3		9					
	7			1	4		6		3
	9	4		6	3			
3	8			1				
		7				2	3	
9		1	2		7			

PUZZLE # - 248

Difficult

	4				3		2	
9		7	5		2	6		4
6		1	4		9	7	5	
2			8	7			3	
			9					1
4		6	1			9		2
	5				8	4	1	
1					7	3	6	
			3		1		9	8

PUZZLE # - 249

Difficult

3	2		4		7			
	9	8		5	3		2	
	4		9		2			8
	3	1		9				
5			1	3	8		6	
2				4		8	1	3
			5				4	
4				6		7		1
	1	7	8	2		9		5

PUZZLE # - 250

Difficult

4			3	5		7		8
5	1		9					
				4		3	9	
1		4		3				6
6	9	8	1		5		3	
2		5	4	6		9		
	4			9	6	8		2
							4	
	5		7	8	4	1		3

PUZZLE # - 251

Difficult

4	5	7	3		1	6		2
2	8	9	5		6			
	3		7				4	8
	1	2	6			8	7	
	6	3					2	
8		5			9		1	6
3		6			4	1		
		4		6	5			
5		8	1	3			6	

PUZZLE # - 252

Difficult

8			1	6	3	7	4	2
3	4			9				6
					2	9		
			3				9	
	1	3		8		5		
9	6	4	2	7		1		
4			9	2	6	3	8	
				5	8			9
	8	9		3		2		

PUZZLE # - 253

Difficult

6					1	3		
8	3	5	2	4	9			6
9			5	6				
2	6	3					1	
				9				2
			6	2	7		8	
5	2			3		6	8	
		1	9	7	2		4	5
7	9		8				2	

PUZZLE # - 254

Difficult

	9	8	2	6	4	3	5	1
5		4	8	1		6		
				3	9			
2		6			8			9
		7	3				5	2
			7		5	1		
		5		8				7
	4	3		7		2		5
		1	4		2		8	

PUZZLE # - 255

Difficult

4	8	1	5			2		7
		6			8		4	
	5		1			8	6	
	1	4				9		5
	2	5			7		3	
		7		5	9			8
			2		5	3		
1	9	3	7		4			
5			3			7	8	9

PUZZLE # - 256

Difficult

9	2	3			4			6
7		1		6				4
4	8			9			2	
6	9				1		4	7
		5		3				8
			4		9			
	7			4			3	
		2	5	7		4	8	9
		4	9	2	8	7		1

PUZZLE # - 257

Difficult

6			3	9				
	7	1	8					9
	9		7		2	3		1
7		2		6	1			4
9		8	5					6
	3			8		4	9	7
5	1						4	2
2				5	6			3
4	6				7		9	

PUZZLE # - 258

Difficult

4		7	8				3	
1	9	5				8		
6	3	8		9	2			
		1	6		3			8
	7			5	9			
	6		1	7		4	5	
	4	9	7		1		6	5
	1	6				3	8	
	8		3		4	7	9	

PUZZLE # - 259

Difficult

7	4	2	5	6		1		
	9	3	2				7	4
			7	4		3		
		5		1			4	
8				9	2	5		
4	3		6					8
9		6						1
		7	1	5	6	4	9	2
	1	4		7				

PUZZLE # - 260

Difficult

5		9	2					8
	3			9		2	7	
7		8		3				9
	1	4					8	
8				4	1		6	2
		2	7	8			1	
1		6	9	5	3	8		4
2				7				
4		3			2	7	5	

PUZZLE # - 261

Difficult

		6		5		3		8
		3	4		6	9	1	5
9	1	5	2					7
				6		2	4	
3		9				8	7	
7		4			2	1		3
6				2	4			
		2		9		7	8	
5		7		1				2

PUZZLE # - 262

Difficult

				9		6		5
	3		8				1	
1			7		4	9	3	
			4	8		1	7	
				7	2			3
	7		5	1		2		6
4	2		6	3			9	
7		3					2	8
5	9		2	4			6	1

PUZZLE # - 263

Difficult

2		7			6		8	
6	4				9			
	1			4		7		9
	6	3		9			1	8
5		1	6	7	4		3	2
9				1		6		
	3	4	7					
		9		4	8	3		1
1			9		2			7

PUZZLE # - 264

Difficult

4	1			7			3	
	5	8				2		
	3					5	1	
			2	5	4			3
	4	3			6	7		2
	6		7	3		4	9	1
		1	6			9		5
		6	8	2	3	1	7	4
	2		9			3		8

PUZZLE # - 265

Difficult

		1	9	6	4	7		
6		7	5	2				1
4	3	2		1	7	5	9	
		5			2			4
			7	9			5	
	1					9	2	7
5	4				9	2		
	8						7	9
	2		1		8			5

PUZZLE # - 266

Difficult

			8		6		7	2
			5		3	9		
			2	7			3	
7	3		6				4	9
6	9		4		2			
		4	7	9	1		6	
			9	2		1		8
1	2		3	8			9	
	4		1	6	5		2	

PUZZLE # - 267

Difficult

			3	6				
7		2		9	8			1
	3	9		4	7		6	8
6		8		2	5	1		
				3	1	9		
	1	4		8		5		
4		5		1	9			
1	7			5	3		9	
9	2			7		8		5

PUZZLE # - 268

Difficult

6				4	9	2		
4	8	7			5		6	3
9	3		7					4
		6	2	5	8	4	3	
5								
8		4	9	6		7	5	1
1		5					9	2
			5	1	4		8	
3						1	4	

PUZZLE # - 269

Difficult

3	2	8			7	4	9	5
	1		3	5	9	6	2	
5	9					7		3
			7					9
9	6		5			2		
8					4		5	
		4			5		7	
7				6		2	5	3
	5				3	9		4

PUZZLE # - 270

Difficult

				3		1		8
		9			5		6	7
		1	2	4		5		9
		3	4		1		9	5
	5		8	2				6
	6		7		3	2		1
		7		9	4		8	
4	9	2					5	3
6				2	9	1		

PUZZLE # - 271

Difficult

	3		7					2
4				5		1		7
9	1	7		8				
	7	1			2		5	8
2	5			3		9	7	6
6	4		5	7		2		
	2				5	3		9
5				2	3		1	
	9		4		7			

PUZZLE # - 272

Difficult

7				3			1	6
6		1		7	2			5
2	8			5				3
	2	6	4			7		9
				9				1
5	1	9				8		2
1		8	5		9			7
	4		6	2				8
	5				7		6	4

PUZZLE # - 273

Difficult

2	8		5					
5	3	9		6				
	4		1		2			5
	5	6			1	4	8	
7				5				
3	1		8	2	6	5	7	9
		2	3	1	8	9		
	9		6					3
		3			9		4	1

PUZZLE # - 274

Difficult

2	1		3	9		6	7	
7		5				1	3	
9				1				5
8			7		9			
	9					8	6	2
			2	6	8		9	
6		9		8	2		5	
5		4	1				2	
	3	2		5	6		4	

PUZZLE # - 275

Difficult

		4	5				3	
1	3				6	9		
9					2	4		8
	8	2			9			
3			1		6	5		9
	5					7	1		6
8		3		5	4	7		2
5	4		2		3	8	1	
					1		4	3

PUZZLE # - 276

Difficult

	2	6	9		7			
	3	1	6	2			7	9
5	7	9	4	1	3	8		
	4	3					8	
		8				1		7
9	1	7			2	6	3	
				3		7		
		5		6			9	4
	6	4				3		

PUZZLE # - 277

Difficult

5	4			3		2		
	8				7	3	1	4
3			1					
1		7	4			9		
4	3						6	7
		8			1			
			3	1	2	7		
7		3	5	4	8		2	
	1	4	7		6	5	8	3

PUZZLE # - 278

Difficult

5	8	4		1		6	2	
	3					4	9	
		9	4	2		5		3
	7		1		6	8		2
2		6				1	7	
			2		5		4	6
	4	1		8			5	
9	5					2		8
	2		5	6		3		4

PUZZLE # - 279

Difficult

		3	6	9	8			
7				4				
5					2	4	1	6
3					7	6	2	
				6	4		3	1
6	2	4	5	3	1		8	
	3	5				1		
2	7		8	1	3	9		5
	4		7				6	

PUZZLE # - 280

Difficult

	9		6	8	3	7	4	
	3	5	9	1	7		2	8
		9		2		8	5	
	7		3	5	8	1		
8	5		7				3	
5	8	3						
		7	4		5	9	8	
9		4	8				7	

PUZZLE # - 281

Difficult

	9	2	5	7		1		
				9	1			
4	1	5	6				3	9
6					7		2	
9	5	4			3	6	1	7
7		8			6		9	5
	4							6
	8		2	6		9		
2	6				8	5		

PUZZLE # - 282

Difficult

	7			5			1
3	4	5		1		6		
		8		7			4	2
2	6			3	7			
8		9	1		2			4
		4	9			1		3
	8	7	5		3	2		6
				2	1		8	
		6			4	3	5	

PUZZLE # - 283

Difficult

	3		2	4		5		7
			3				2	
	6	2			8	3	4	
		7	4					3
					5		7	9
3	2	9	1		7	4	8	
7			6		4		3	
	1					7	9	
2	9	6	7			8		4

PUZZLE # - 284

Difficult

3	5	1		7			9	4
					8		6	1
8	6	9	1			5		
	2			1	6		3	
		5	9				4	
				2	5			
1					9	2		5
5	4	2	8	6	1			
7	9		2				1	8

PUZZLE # - 285

Difficult

1		6					3	
9	7			3				
		2	6	1	5	8	7	
6	9			8	7			3
		4	5	2	3	1	9	6
2			1	9				
			3	6	8	9	1	
		9				3		
4	6	3						7

PUZZLE # - 286

Difficult

		8		5	1		3	4
	6	3			4		8	
		1						7
		4	6	7			9	2
3	9			1	5		7	
6		7		3				1
	4		8	2		5	1	3
8				4		7		
1		9	5					8

PUZZLE # - 287

Difficult

		4				1		
	3	1	9	6		8		
				8	4	9		7
4	7	9	3	1		6		
1		2				3		5
6			7		8		9	1
	4			7	3		1	
	1	5		4	9			6
9	6		8					

PUZZLE # - 288

Difficult

	5			3	7			
	2		5	4		3	1	
	3	6			8			4
3	4	9		7			5	
	8	7	4					
1	6						4	
6	1			8		4		
8		4		5		1	2	7
	7	3			4	8		5

PUZZLE # - 289

Difficult

			9		7	6	2	
			4					3
1	9		8			5		4
		1			4			
8		9			5	7		
					3	9		5
4	1		5	7	8		6	
9	7	2	3	1	6	4		8
	5	8				1	3	

PUZZLE # - 290

Difficult

		7	5				2	3
	1	4	8			9		6
	5	3			2		4	
	7	6	5	8			3	4
3	8	5	7	2		6	9	
		2		3	9			
4				9	5			8
5		8	3		7			
		9	1				6	

PUZZLE # - 291

Difficult

6			4		1	5		2
	2		9	8	5	4		
4		5		6		8	7	9
	4			2				
		8		9		6	4	
3	9	7	6	4		1		
			8	5			1	7
8	3			1			5	
		1	2					

PUZZLE # - 292

Difficult

	7	5	1	9	4		2	
9		1						6
				8	5	9	1	
	9				2			1
	2		4			8	3	
8	5	3	9	6				2
7		8					9	
			3	7	9	6	8	4
		9	2			1		

PUZZLE # - 293

Difficult

	6			9	7	2		1
				2	1	8		7
7	2		4		3	6		
8		6	2	5	4	1		
	4			8				6
			9	1	6		8	4
	9			7		4		2
4			1		9	3		8
		3	8	4		7		

PUZZLE # - 294

Difficult

	9	8	7		5		3
	7	3		4		2	9	1
			9	3			7	6
	6	2					5	
	5	7		1		4		
1		4	3			6	2	
4			5	9			8	
	9			6		7		
	3				8	9	6	

PUZZLE # - 295

Difficult

		9		5				
						7	4	
2	4	8			1		5	
5	6		1		8	2		
8	2	7	4		5	6	9	
	3	1		6	7	4	8	5
3	8		5					
	9		7				3	
7	1	2		8	3			

PUZZLE # - 296

Difficult

3			2			6	4	
6	1		8					
9	8				4			
	9	5		4	8	3		2
		8	1			6		4
4			7		5			
2				8	1	5		7
	7		4		2		8	
8	4		9	5		1	2	

PUZZLE # - 297

Difficult

		8			6			
	6	9	7		5		2	
		1	8		3	9		
	3			6		2		
1		2				6	3	9
6			9	3	2	7	4	
5	1	6	2		8	3	9	4
		4	3	1	9		6	
2				4				

PUZZLE # - 298

Difficult

				6		2	3	
5			1		3			
4		2	7		8		6	
			3	1		4		9
6	9	3	2				5	
	4			8			2	
			8	4	1	7	9	
1	7		6		2	8	4	
			9	5			1	2

PUZZLE # - 299

Difficult

5	6		2				8	
7								
	4		3	7		5	6	
4	7	5						
8				4				9
	9						4	
1	5	4	6	8		2	3	7
		3	7	2	5	9	1	4
		7		3	1		5	8

PUZZLE # - 300

Difficult

7	3	8	2					
		2			9	6	7	
1		6	7	5				
6		1						9
	8		5	7	1	2	6	
	4	5	9	8			1	3
		3			2			
	1		6		7	3		
	2	7	1			8	4	

PUZZLE # - 301

Expert

				1		2	4	
	4	9		2			5	
		1						9
			4	7	9		2	
	6				2			
	2		1		8			5
4			8	9		6	3	
3	9		6	4		5		
7		6		3	1	9		4

PUZZLE # - 302

Expert

	8		4		2		3	
3		4					7	
2					8	4	6	
	6	2		3	7		1	
7	5				4		9	
4			6			3		7
1	2	8						
					6	8		
		6				7	4	

PUZZLE # - 303

Expert

3	4			6	5		2	
	6	7		8				
5								6
				8			9	
	1	4		2				
8		2	4	7				
			3	1	4			7
4	8				2	3		5
7			8		6			2

PUZZLE # - 304

Expert

			1				7	6
8	3		7				2	4
5	1				2			
	4			5			6	3
2					8			5
7			2		4			
6			5		1		3	2
3		1		2				7
					9	6		

PUZZLE # - 305

Expert

			2	1				
2		1			5	8		
		4			7	2	9	1
4			9	7	6			3
							7	6
				3			5	8
	4	2		5	3			9
	5	8						
	1		7		4	6		5

PUZZLE # - 306

Expert

				4	2			
2			7		6			4
	4	3		1	8			7
5				2	4		1	
				3	1		5	
	1		6	7			9	
			1			8		9
4		1						
9		6	4		3		7	

PUZZLE # - 307

Expert

9			5		6	3		4
8								9
5	4		7					1
	2					9		6
	8					4		7
7		1		4	5			2
				9				8
	3		6	7			9	
2		4	1					3

PUZZLE # - 308

Expert

5			4		8	1		
	8		5				2	
					9			3
3	6		1	7			4	
	2		3		4			
4	7			6			3	2
2	4		6			7		
8		7		4				
	3	6						4

PUZZLE # - 309

Expert

7	4					5		
	8		3					
	6			8			1	9
3	1		4		5			
	2		9			4	5	1
9	5			7	8			
4	7	2		9				
5		1				2		
6	3	8			2			7

PUZZLE # - 310

Expert

			6	2	8	9		
9	4			3				6
3						1		7
	8	7	3	4		6		
5	3		1		9	7	2	8
	6			8	7			3
4	1		2					
		2				5		
	7		9	1	4	3		

PUZZLE # - 311

Expert

5		1			8		4	3
		7	6			9		
	3			4		1		5
	7		3	6				5
	9			1		5	3	
	6	5		7	4			8
								2
					6	5	3	
		2			7	1		

PUZZLE # - 312

Expert

6	7	5		4		9		
	2			3	8		4	6
4			9	5		1		
5			8			2	6	
3	8		5	6				
2	6		3			7	1	
8				7	4			
7				1				8

PUZZLE # - 313

Expert

	6		9	1		8		
	9		5					6
4	7			6			2	
			4		5	3		
1	3		2				9	5
5	2	9		3				7
6	4	3		2				
	1	7						8
8	5				9			3

PUZZLE # - 314

Expert

		9	8					4
	3		7	6				9
4	5			1			3	6
2		3		9		6		8
7		6			8			5
8				3		9	7	
						8	9	2
		4		2				7
5		7						3

PUZZLE # - 315

Expert

2			3	8	4	5		
	9				2	8		6
					6			7
6								5
				2	3		8	
	8	7						
7		5	2			3		4
				9		7	6	2
9	3	2		6		1		

PUZZLE # - 316

Expert

	1		9	5			7	2
8			7	3		6	1	
			4		1		9	3
		8			9			
			3	2				5
2			1			9	6	
	7		6	1				9
	8		2		4	1	3	
1			8			2		

PUZZLE # - 317

Expert

	9		5				1	2
5	1	4		3	2	8		9
8			9	1				
1	3	6						
	7		4			3		
4				5	3	9		
		9	2	7				
					6			7
3							2	4

PUZZLE # - 318

Expert

4				9				
9				6		8	4	2
6		5		2	8			
5		7				3	9	
1			5		9		7	8
8								4
	6					4	8	3
7				1			5	
3	5							7

PUZZLE # - 319

Expert

9	4						8	3
	1			8				
		5	6		4		7	9
	9	3						
7		8	5				9	
5				2			4	
			1				2	5
8	7	2		5			6	
			2	3	6	9	8	

PUZZLE # - 320

Expert

1		7	8			6		
	6	3					9	8
			3	5		7		4
			6			8	7	
6			4	7		9		3
2				3		4		
4		6					8	
		1	7			5		
7	9		1					

PUZZLE # - 321

Expert

	9	7		1				
2		1	3					7
	6		9		7			8
				6		1		9
	1		9		8		5	2
6	2	8	4	9	5	3		1
9	5			7				
				3		4		
								3

PUZZLE # - 322

Expert

		6			3		8	7
4	8	1	6	5			2	9
					1	6	4	
		2	3		6			
				2				
8		3	5	1			7	
6		8				7	9	3
3			7			4		8
	4	5	8					1

PUZZLE # - 323

Expert

		5			2		8	7
			9				1	
2	8		1	7	3		9	
	7	4					2	
	5							
9			3	2	8		7	5
		8			7	6	3	1
	2					7	4	8
			8					2

PUZZLE # - 324

Expert

	5	6			3			7
		1	6	5				
		9				1	5	6
9				3		5		8
			7		4	6	2	
				8			7	1
1		3			2		6	5
7			8	6		3		2
	2	5	3				8	9

PUZZLE # - 325

Expert

			6	9	1			
	4				5	6	1	9
		9		3			4	5
			2	4	6			3
7						9	2	
8	3			9	1		5	6
2					8	7		4
	7	5						
				7				

PUZZLE # - 326

Expert

4	2	3	7	6		9	8	1
			2		9	7		
	9				1	6		4
2		9	1			3		
	4		5			8		
6		5		8				
	3	2		5		1		8
		8	3	1		4		
	6			2			3	7

PUZZLE # - 327

Expert

7	1				8			
2				6		4		
4		9				2		
				2				9
	5		6		9	1		
9	8		4	5		6	2	
	2	1			6			
5	7	4		3				
6		3				5	8	

PUZZLE # - 328

Expert

5		8	9				4	6
1	7			6		3		5
		2	3		5			
2					1			3
			5			2	8	
		1						
8		4			9			2
3		6	2			9	1	
		7			3	4		

PUZZLE # - 329

Expert

	3	7	1		8	2	6	
	4	2		6				
1	8		7	2		5		
		5						
		3	6		5		9	8
	1				3	6		7
3	9			1			2	
	2				6	9		5
						8		

PUZZLE # - 330

Expert

		4						
				1			4	7
3	2			8	4		6	
7		3	2					1
	8	2			1		3	4
1				8				
4		6					8	
	3		1	6				2
		5		4	3	1		6

PUZZLE # - 331

Expert

	1	5	9					2
3	2	8	5	4	1		7	9
6			8		2		5	
		1					8	
	5		4	8				
8				1		3		7
	3	4						
9			3				6	
			2	9				

PUZZLE # - 332

Expert

2							1	
8					7	3		
	3			9		5		7
	2	6					3	
			5	2		4		8
			9		1		5	
	6		1			8		5
	1						6	3
		8		6	4	9	2	1

PUZZLE # - 333

Expert

	9		6	8	1	3		
	6	8					1	
5	1	4		7	2	6	9	8
8								5
				9	3			
						9		
	8			6	5	2		
7	4							9
	5	6	4					7

PUZZLE # - 334

Expert

9	2		8		5			
			1					
7				3		9	6	
	7		2		3			8
			7		6			
1	6					7		
	3		9	2	4		5	6
4			6	7		8	3	
			3		8			4

PUZZLE # - 335

Expert

				4		1		
		4	7	9				8
		2			8	4	9	
1			6			7	4	9
3	8	6	4		9			
4		9					6	3
7	4	8	9		5		1	2
						9	8	
	6	1	8		4			

PUZZLE # - 336

Expert

6		8		2	1	9		
		3			4			
	4		6	3	5	1		2
4	7	2	3	1	6			
8				5		4	3	
				8	2			
							1	
9	8	7						4
		6		8				9

PUZZLE # - 337

Expert

5	9	6	8				2	3
			4	6	3			
	4			9			6	
		7	3	2		8		9
6	8		7		9	3		
3	5							2
						2	1	
								4
9	2	1			8			

PUZZLE # - 338

Expert

							6	
3		9						
1	5		2	7		3		
7	6	1	9		5	8	4	
5	9	4		8	3			1
	2		1		7			
	3		8			1	5	6
				1	2			
9			5					

PUZZLE # - 339

Expert

				4			1	7
	4	9	1		5			
2				3	8	6		
					9	4		1
		3				7	2	
1		8		4				
	8			9			3	2
9		1					4	
3			8		1	5		9

PUZZLE # - 340

Expert

		4	6				7	
7						1		8
	1							
1				3	7		6	4
		7		9	5			
	2		1	6	9			7
		3	1			6		
	4		5			9	8	
9	5				2	7		1

PUZZLE # - 341

Expert

6	4	7		1			8	
3		5	7		9	6	1	
		2			8	4		
8	9				6			
		4		7			5	
				8	4	3		
1				2	7			4
		8		9		5	3	
						7		

PUZZLE # - 342

Expert

1			6					8
	6			4	1			5
				2	7	3		6
		3	4	5		7		
	9			7				
	2			6	9		8	4
5	7		2		6			1
	3		7	1	4		2	9
	4				5		6	

PUZZLE # - 343

Expert

8		4		5	2	1		
			3	7				4
	7	3	6			2		
				3	5			2
9		5	8			3		
		8			9			7
7			2		3	5		1
			7	8		6		
		9					3	8

PUZZLE # - 344

Expert

	4			6	5			
6			3	2			7	
1				9				8
5		6		3	8	1		
4				7				
			6					7
		4			3	9		
3		2	7	5		8		4
9			1				2	3

PUZZLE # - 345

Expert

		5		9	8			3
8		9						
4					5	8		
3		4		2				5
9		2			1		6	7
6				3			2	
		9				7	5	
5		3		7				8
		1		5		2		9

PUZZLE # - 346

Expert

	4			3	5			9
3			1		9		5	
8		9		4			3	1
					8		2	
1				9				
	2		3					5
	6	2			1	8		3
7		8	2					4
5		4						2

PUZZLE # - 347

Expert

3	6			4	2	9		
			3	1				6
2		7			6			4
8		9			1	7		
		4	7	8				2
5				2		6	9	
				3				
	4		1				6	
7			6			3		1

PUZZLE # - 348

Expert

				6	1	4		
	6		7				1	
8	4	1		5				6
4	3	7	1		6	8	9	5
6	5	9		7			4	1
1	2	8				6		
		2	6	8				
			9					
					2	9	7	

PUZZLE # - 349

Expert

					2			3
	9			3		8		7
	3			7	4			
3		2		8				
6			5			1	4	
	5	1		4				
	6		3	5		9	2	
4		9				3	5	
		3		2		7	8	

PUZZLE # - 350

Expert

		9	6		3			
	8	1		9	2			6
2			1		4		5	9
7		8		6			9	2
4	1		3					
	9				8		3	
							1	4
			2		6		8	
9				4		2		

PUZZLE # - 351

Expert

	6		5				8	3
					4	2		6
		7	2			9		
6					5			2
8				6		4	3	1
		2				5		
		9	6	5			4	
1		8	4					
7	4		2			3		5

PUZZLE # - 352

Expert

	5			1	7			
8	1	9		4				
7		3	5			1	6	
	9	4			1			
5	2		3	7		9	4	
1		7						
		2		3		6		
	7				4	3		8
				8		7	9	

PUZZLE # - 353

Expert

		2	1		3	4		
4				6				
						3	5	
	4		7		8			
6			1				2	9
2	5		9					
		3	2	8		6		5
9			5	6			1	3
		6	4			9	8	

PUZZLE # - 354

Expert

	5				3			
	2		4	9		6		
	4		2					9
5						7		
	3	2		1	6			
4	6	9	5				8	1
6	7			5		8		3
2		8		6		4		
	9	5				1		2

PUZZLE # - 355

Expert

			3			9		
				5	2			
6	4			9				1
		5			3	7	9	
	9			1	4		6	2
4	2		5					
1	5			8	7	4		
	6				1	8		5
7	8		4					

PUZZLE # - 356

Expert

								6
		3	8	4	6	5		
	1	5						3
7	2	1	5		3			
	6		2				7	
		9	1	8		2		
				1			9	
1				3		8		7
8	9		7			1	3	

PUZZLE # - 357

Expert

	1		5		8			
	6		8		1	2		
	4			3				
		7		9	8		6	
4	1	9		6			7	8
8	3		7				1	5
					7			
	8			2			6	4
3		4					2	

PUZZLE # - 358

Expert

	2	4	6	9		8		
	7	9	1	3	5		6	2
6			8	2				
				7	2			
	5						8	1
9								
	6	8				9		
5								
		2	9	5	8	6	7	3

PUZZLE # - 359

Expert

				1				
6	9		7					
		4	9		8			
	1	7			3	5	6	
			1	5	6	8	9	7
						1		4
7	4					2		
9		1	2			3	4	
3	2	8	5					

PUZZLE # - 360

Expert

4				8				3
	7			3	5			
3			6	9	2	4		
		7		4	6			
8			2		3			7
						2		9
		4			8	9		1
6	9	1		7		3		
		3	1	2				

PUZZLE # - 361

Expert

4	6			2		3		
		1	4	6			5	2
		7	1				9	
8				5	4			3
			2		7		8	6
1			8			2		
5								7
	1		5	7			2	
			3	4				1

PUZZLE # - 362

Expert

	2	9		5		1		
5					3	8		
	4	6				5		
2	1			7	5			
4		3	6	1	2	7	8	
3			2			6	4	
	8			3				
	3				8	4		
6		4	8				7	

PUZZLE # - 363

Expert

3			8	9	2			6
1	9				5			
8			7					5
	3	9	6	8	1			7
7	6	8	9		4	1		2
4			3					9
9			1	7				4
	1						8	3
5	4						7	1

PUZZLE # - 364

Expert

4	9	8	7				5	
	2			9		4		8
5	6		1				9	
	7		6					
	3		2			7	4	9
9	5		4		7			
	1			2		9	7	
6								2
			5		6		1	4

PUZZLE # - 365

Expert

2					8	9	6	
6			9		2	1		5
9	8	5		3	1			2
							3	
	4		3	6		2		9
			2		9	7		
	9	6	8	4		3		
	5				3			
						5	4	

PUZZLE # - 1
Easy

7	6	4	5	9	3	1	2	8
1	5	3	4	2	8	9	7	6
8	9	2	6	7	1	4	5	3
9	2	6	3	1	7	8	4	5
5	4	1	8	6	9	7	3	2
3	7	8	2	4	5	6	9	1
4	1	5	7	3	6	2	8	9
6	3	7	9	8	2	5	1	4
2	8	9	1	5	4	3	6	7

PUZZLE # - 2
Easy

4	6	8	3	5	1	9	2	7
9	3	7	2	6	8	5	1	4
2	1	5	4	9	7	8	3	6
1	5	3	9	8	4	6	7	2
8	9	2	1	7	6	4	5	3
6	7	4	5	2	3	1	9	8
3	8	1	7	4	9	2	6	5
5	4	9	6	3	2	7	8	1
7	2	6	8	1	5	3	4	9

PUZZLE # - 3
Easy

4	7	8	6	2	5	3	9	1
6	9	2	8	3	1	5	4	7
1	5	3	4	9	7	2	6	8
5	8	7	9	4	6	1	2	3
2	4	1	5	8	3	6	7	9
9	3	6	7	1	2	4	8	5
3	2	4	1	7	8	9	5	6
8	6	9	3	5	4	7	1	2
7	1	5	2	6	9	8	3	4

PUZZLE # - 4
Easy

6	5	4	8	7	2	1	3	9
3	8	9	4	5	1	6	2	7
1	2	7	9	3	6	8	4	5
7	6	2	1	4	8	5	9	3
5	9	8	2	6	3	4	7	1
4	3	1	7	9	5	2	6	8
9	4	5	6	1	7	3	8	2
8	7	3	5	2	4	9	1	6
2	1	6	3	8	9	7	5	4

PUZZLE # - 5
Easy

7	4	6	8	2	3	9	5	1
8	5	3	4	1	9	2	6	7
2	1	9	5	6	7	8	3	4
5	9	7	6	8	2	1	4	3
3	2	8	7	4	1	5	9	6
4	6	1	9	3	5	7	2	8
6	7	4	2	9	8	3	1	5
1	8	2	3	5	4	6	7	9
9	3	5	1	7	6	4	8	2

PUZZLE # - 6
Easy

6	8	1	4	5	7	2	3	9
7	4	5	9	3	2	8	6	1
2	3	9	1	6	8	7	4	5
4	5	6	3	7	1	9	8	2
3	7	2	8	4	9	5	1	6
9	1	8	6	2	5	3	7	4
8	2	7	5	1	4	6	9	3
5	6	4	7	9	3	1	2	8
1	9	3	2	8	6	4	5	7

PUZZLE # - 7
Easy

1	9	2	5	8	3	7	6	4
8	5	6	9	4	7	2	1	3
3	4	7	6	1	2	8	9	5
9	1	4	3	2	6	5	7	8
5	6	3	4	7	8	1	2	9
2	7	8	1	5	9	3	4	6
6	3	5	7	9	1	4	8	2
4	2	1	8	6	5	9	3	7
7	8	9	2	3	4	6	5	1

PUZZLE # - 8
Easy

8	9	5	2	7	1	6	3	4
4	1	2	9	6	3	7	8	5
7	3	6	5	8	4	9	1	2
5	2	3	7	1	9	8	4	6
1	6	4	3	5	8	2	7	9
9	8	7	4	2	6	1	5	3
6	4	8	1	9	5	3	2	7
2	5	9	8	3	7	4	6	1
3	7	1	6	4	2	5	9	8

PUZZLE # - 9
Easy

2	6	9	7	5	1	4	3	8
3	7	8	6	4	2	5	9	1
4	5	1	3	8	9	6	7	2
5	4	2	1	7	3	8	6	9
6	1	3	4	9	8	7	2	5
9	8	7	2	6	5	1	4	3
8	9	4	5	3	7	2	1	6
7	2	5	9	1	6	3	8	4
1	3	6	8	2	4	9	5	7

PUZZLE # - 10
Easy

4	3	5	8	2	6	9	1	7
8	9	2	7	3	1	5	6	4
6	7	1	5	9	4	2	8	3
5	1	7	9	4	3	6	2	8
2	8	9	1	6	7	4	3	5
3	6	4	2	5	8	7	9	1
9	2	3	4	8	5	1	7	6
1	4	6	3	7	9	8	5	2
7	5	8	6	1	2	3	4	9

PUZZLE # - 11
Easy

3	6	1	7	8	2	5	9	4
7	5	8	3	4	9	6	1	2
9	2	4	6	5	1	7	3	8
6	9	5	4	1	8	3	2	7
1	3	7	9	2	6	4	8	5
4	8	2	5	3	7	1	6	9
5	7	9	8	6	3	2	4	1
8	1	3	2	7	4	9	5	6
2	4	6	1	9	5	8	7	3

PUZZLE # - 12
Easy

4	1	7	6	8	9	5	3	2
3	5	2	4	7	1	6	9	8
8	9	6	5	2	3	4	1	7
7	2	8	1	3	6	9	4	5
5	6	9	7	4	2	3	8	1
1	4	3	8	9	5	7	2	6
2	8	5	9	6	4	1	7	3
9	3	1	2	5	7	8	6	4
6	7	4	3	1	8	2	5	9

PUZZLE # - 13
Easy

8	6	2	7	1	5	9	4	3
5	7	9	4	2	3	1	6	8
1	3	4	6	9	8	2	5	7
2	1	5	3	7	4	6	8	9
4	8	6	9	5	2	7	3	1
7	9	3	1	8	6	5	2	4
9	4	8	5	6	7	3	1	2
3	5	1	2	4	9	8	7	6
6	2	7	8	3	1	4	9	5

PUZZLE # - 14
Easy

7	2	8	1	5	6	9	3	4
9	6	4	7	8	3	2	5	1
1	3	5	2	4	9	7	8	6
4	8	3	6	9	1	5	2	7
2	1	6	5	3	7	8	4	9
5	7	9	8	2	4	6	1	3
3	9	2	4	7	8	1	6	5
6	5	7	3	1	2	4	9	8
8	4	1	9	6	5	3	7	2

PUZZLE # - 15
Easy

5	9	6	8	7	1	4	2	3
4	3	2	9	6	5	1	7	8
8	1	7	2	3	4	5	6	9
7	5	4	3	1	8	6	9	2
9	6	1	7	4	2	3	8	5
2	8	3	6	5	9	7	4	1
1	4	8	5	2	6	9	3	7
6	7	9	1	8	3	2	5	4
3	2	5	4	9	7	8	1	6

PUZZLE # - 16
Easy

2	8	9	3	5	7	4	6	1
7	3	1	9	6	4	2	8	5
4	6	5	8	1	2	7	9	3
8	4	2	7	3	5	6	1	9
5	1	6	4	2	9	3	7	8
3	9	7	1	8	6	5	2	4
6	7	4	5	9	8	1	3	2
9	5	3	2	7	1	8	4	6
1	2	8	6	4	3	9	5	7

PUZZLE # - 17
Easy

3	2	6	8	5	4	7	1	9
1	4	5	9	7	3	8	2	6
7	9	8	2	6	1	4	3	5
9	7	2	1	8	6	5	4	3
5	8	4	7	3	2	9	6	1
6	3	1	4	9	5	2	7	8
8	1	7	6	4	9	3	5	2
4	6	3	5	2	8	1	9	7
2	5	9	3	1	7	6	8	4

PUZZLE # - 18
Easy

3	8	2	9	1	5	6	4	7
6	5	7	4	2	3	8	9	1
4	1	9	8	6	7	3	2	5
8	3	5	7	9	1	4	6	2
1	7	6	3	4	2	5	8	9
2	9	4	5	8	6	7	1	3
7	6	1	2	5	8	9	3	4
5	4	8	1	3	9	2	7	6
9	2	3	6	7	4	1	5	8

PUZZLE # - 19
Easy

8	4	9	5	2	1	3	6	7
1	7	3	9	6	8	2	5	4
6	5	2	3	4	7	9	1	8
5	1	4	2	8	3	7	9	6
2	9	6	7	1	4	5	8	3
7	3	8	6	5	9	4	2	1
4	8	7	1	9	2	6	3	5
3	2	5	8	7	6	1	4	9
9	6	1	4	3	5	8	7	2

PUZZLE # - 20
Easy

5	9	2	8	7	4	1	6	3
6	4	3	2	5	1	7	8	9
8	1	7	6	3	9	5	4	2
7	3	8	4	9	5	6	2	1
9	5	4	1	2	6	8	3	7
2	6	1	7	8	3	9	5	4
3	2	6	9	1	8	4	7	5
1	8	5	3	4	7	2	9	6
4	7	9	5	6	2	3	1	8

PUZZLE # - 21
Easy

6	9	7	5	1	2	8	4	3
5	3	4	8	7	6	9	1	2
8	1	2	9	3	4	5	6	7
7	2	8	3	9	1	6	5	4
4	5	1	6	2	8	3	7	9
3	6	9	4	5	7	2	8	1
1	4	3	2	8	5	7	9	6
9	7	5	1	6	3	4	2	8
2	8	6	7	4	9	1	3	5

PUZZLE # - 22
Easy

9	5	8	1	4	7	2	6	3
6	4	3	5	8	2	9	7	1
2	1	7	6	9	3	8	4	5
1	8	9	2	7	5	6	3	4
5	7	2	4	3	6	1	8	9
3	6	4	8	1	9	7	5	2
4	9	6	3	2	8	5	1	7
7	3	5	9	6	1	4	2	8
8	2	1	7	5	4	3	9	6

PUZZLE # - 23
Easy

2	5	6	8	3	7	4	9	1
8	3	4	5	1	9	2	6	7
1	7	9	6	2	4	3	5	8
3	2	7	1	6	8	5	4	9
4	8	5	3	9	2	1	7	6
6	9	1	4	7	5	8	2	3
5	4	3	9	8	6	7	1	2
7	6	8	2	4	1	9	3	5
9	1	2	7	5	3	6	8	4

PUZZLE # - 24
Easy

5	4	6	3	1	8	7	9	2
8	2	1	5	9	7	6	3	4
9	3	7	4	2	6	8	1	5
6	9	2	7	3	4	5	8	1
7	1	3	8	5	2	9	4	6
4	5	8	9	6	1	3	2	7
3	8	4	2	7	5	1	6	9
1	7	9	6	4	3	2	5	8
2	6	5	1	8	9	4	7	3

PUZZLE # - 25
Easy

7	1	3	5	6	2	9	4	8
6	4	8	9	3	1	7	2	5
5	2	9	7	4	8	6	3	1
3	7	2	8	1	9	4	5	6
9	6	4	3	2	5	8	1	7
1	8	5	4	7	6	2	9	3
4	5	7	2	8	3	1	6	9
2	9	6	1	5	7	3	8	4
8	3	1	6	9	4	5	7	2

PUZZLE # - 26
Easy

9	4	5	2	3	1	8	6	7
8	2	1	9	6	7	5	3	4
3	6	7	5	4	8	9	1	2
7	3	6	4	5	9	2	8	1
1	5	2	8	7	3	6	4	9
4	9	8	6	1	2	3	7	5
2	1	9	3	8	4	7	5	6
5	7	3	1	9	6	4	2	8
6	8	4	7	2	5	1	9	3

PUZZLE # - 27
Easy

5	1	4	9	6	7	3	2	8
3	9	8	4	1	2	5	7	6
7	6	2	8	5	3	9	4	1
8	3	9	2	4	5	1	6	7
2	7	1	3	9	6	4	8	5
4	5	6	1	7	8	2	9	3
9	2	5	6	8	1	7	3	4
6	4	7	5	3	9	8	1	2
1	8	3	7	2	4	6	5	9

PUZZLE # - 28
Easy

8	1	7	2	4	6	3	5	9
2	4	9	8	5	3	6	1	7
3	5	6	7	1	9	4	2	8
9	8	1	4	2	7	5	6	3
6	7	5	9	3	1	8	4	2
4	2	3	6	8	5	9	7	1
7	3	2	5	9	4	1	8	6
5	9	8	1	6	2	7	3	4
1	6	4	3	7	8	2	9	5

PUZZLE # - 29
Easy

2	3	6	5	9	4	8	1	7
5	7	8	6	2	1	4	9	3
9	1	4	8	3	7	2	6	5
1	5	3	4	7	2	6	8	9
7	4	2	9	6	8	5	3	1
8	6	9	1	5	3	7	4	2
3	9	5	7	4	6	1	2	8
6	2	1	3	8	5	9	7	4
4	8	7	2	1	9	3	5	6

PUZZLE # - 30
Easy

6	7	4	3	1	2	5	9	8
5	9	8	7	4	6	3	2	1
2	1	3	8	9	5	6	7	4
8	2	9	1	7	3	4	6	5
3	5	7	4	6	9	8	1	2
1	4	6	5	2	8	7	3	9
9	8	2	6	3	4	1	5	7
7	3	5	2	8	1	9	4	6
4	6	1	9	5	7	2	8	3

PUZZLE # - 31
Easy

6	4	9	2	3	7	8	5	1
2	1	5	8	6	4	9	3	7
3	7	8	1	5	9	6	4	2
4	3	1	6	2	5	7	8	9
9	5	2	3	7	8	1	6	4
8	6	7	9	4	1	3	2	5
1	2	4	7	8	6	5	9	3
5	9	6	4	1	3	2	7	8
7	8	3	5	9	2	4	1	6

PUZZLE # - 32
Easy

2	4	8	1	5	6	7	9	3
1	9	3	2	4	7	8	6	5
7	6	5	8	9	3	2	1	4
4	3	2	5	7	1	9	8	6
9	1	6	4	3	8	5	2	7
8	5	7	9	6	2	4	3	1
3	7	4	6	8	9	1	5	2
6	2	9	7	1	5	3	4	8
5	8	1	3	2	4	6	7	9

PUZZLE # - 33
Easy

6	7	4	1	5	8	2	9	3
5	9	2	4	3	7	6	8	1
3	1	8	9	6	2	5	4	7
9	5	1	2	7	4	3	6	8
2	3	7	6	8	5	4	1	9
8	4	6	3	1	9	7	2	5
1	2	9	7	4	3	8	5	6
4	8	3	5	9	6	1	7	2
7	6	5	8	2	1	9	3	4

PUZZLE # - 34
Easy

8	4	5	9	1	3	6	2	7
7	3	9	6	5	2	8	4	1
1	6	2	8	4	7	5	3	9
5	1	4	2	9	6	3	7	8
2	7	6	1	3	8	4	9	5
9	8	3	4	7	5	2	1	6
4	2	7	5	8	1	9	6	3
3	9	8	7	6	4	1	5	2
6	5	1	3	2	9	7	8	4

PUZZLE # - 35
Easy

8	5	6	1	2	4	3	7	9
4	2	3	7	6	9	5	1	8
9	7	1	3	5	8	4	2	6
7	4	2	5	9	1	6	8	3
5	6	9	2	8	3	1	4	7
3	1	8	4	7	6	9	5	2
2	8	4	6	3	5	7	9	1
1	3	7	9	4	2	8	6	5
6	9	5	8	1	7	2	3	4

PUZZLE # - 36
Easy

7	1	2	4	9	8	5	3	6
8	9	5	2	3	6	1	4	7
3	4	6	5	7	1	8	2	9
5	2	4	9	6	7	3	8	1
9	8	1	3	4	2	7	6	5
6	7	3	8	1	5	4	9	2
1	6	9	7	8	3	2	5	4
2	3	7	6	5	4	9	1	8
4	5	8	1	2	9	6	7	3

PUZZLE # - 37

Easy

3	4	7	8	2	9	6	1	5
2	1	6	7	3	5	4	8	9
5	8	9	6	1	4	7	3	2
7	3	5	4	6	2	8	9	1
6	2	8	5	9	1	3	4	7
4	9	1	3	7	8	2	5	6
1	5	3	2	8	6	9	7	4
9	7	2	1	4	3	5	6	8
8	6	4	9	5	7	1	2	3

PUZZLE # - 38

Easy

9	2	3	6	1	5	7	8	4
1	6	7	9	4	8	2	5	3
5	8	4	7	2	3	9	1	6
2	3	8	4	5	9	1	6	7
6	9	1	3	7	2	5	4	8
4	7	5	1	8	6	3	9	2
3	4	2	8	9	1	6	7	5
7	1	6	5	3	4	8	2	9
8	5	9	2	6	7	4	3	1

PUZZLE # - 39

Easy

1	7	9	4	8	2	3	5	6
2	8	3	5	7	6	4	9	1
6	5	4	3	1	9	8	2	7
4	3	6	9	5	8	1	7	2
7	1	2	6	3	4	9	8	5
8	9	5	1	2	7	6	3	4
9	2	1	8	6	5	7	4	3
5	6	8	7	4	3	2	1	9
3	4	7	2	9	1	5	6	8

PUZZLE # - 40

Easy

7	2	6	1	9	8	5	4	3
3	1	8	7	4	5	6	9	2
5	4	9	2	3	6	7	1	8
9	3	4	5	8	7	1	2	6
8	6	7	3	2	1	4	5	9
2	5	1	9	6	4	8	3	7
4	9	5	8	7	3	2	6	1
1	7	3	6	5	2	9	8	4
6	8	2	4	1	9	3	7	5

PUZZLE # - 41
Easy

2	6	1	5	8	7	9	4	3
4	3	9	1	6	2	7	5	8
7	5	8	4	9	3	6	1	2
6	7	5	9	3	1	8	2	4
9	4	3	8	2	5	1	6	7
8	1	2	7	4	6	5	3	9
3	9	4	6	1	8	2	7	5
1	8	7	2	5	4	3	9	6
5	2	6	3	7	9	4	8	1

PUZZLE # - 42
Easy

1	7	5	8	6	9	3	4	2
6	8	4	7	2	3	9	5	1
9	3	2	5	4	1	8	7	6
4	1	3	6	9	8	7	2	5
8	5	7	1	3	2	6	9	4
2	6	9	4	7	5	1	8	3
5	9	8	2	1	6	4	3	7
7	2	1	3	8	4	5	6	9
3	4	6	9	5	7	2	1	8

PUZZLE # - 43
Easy

3	5	8	9	7	6	4	1	2
7	1	9	4	3	2	5	8	6
2	4	6	1	8	5	9	3	7
4	8	5	2	1	9	6	7	3
1	6	7	3	4	8	2	9	5
9	3	2	6	5	7	1	4	8
8	9	4	5	2	3	7	6	1
6	2	3	7	9	1	8	5	4
5	7	1	8	6	4	3	2	9

PUZZLE # - 44
Easy

3	1	7	6	2	8	4	5	9
2	8	4	7	9	5	6	3	1
6	9	5	4	1	3	8	7	2
7	6	8	5	3	1	9	2	4
5	3	1	9	4	2	7	8	6
9	4	2	8	6	7	3	1	5
1	5	6	3	7	4	2	9	8
8	7	9	2	5	6	1	4	3
4	2	3	1	8	9	5	6	7

PUZZLE # - 45
Easy

1	9	8	5	7	2	4	6	3
7	6	4	9	8	3	1	2	5
3	2	5	1	4	6	9	8	7
9	3	7	8	2	1	5	4	6
2	8	1	6	5	4	7	3	9
4	5	6	3	9	7	8	1	2
6	7	9	2	1	8	3	5	4
8	4	2	7	3	5	6	9	1
5	1	3	4	6	9	2	7	8

PUZZLE # - 46
Easy

5	1	2	9	8	6	4	7	3
9	3	4	5	1	7	8	2	6
6	8	7	4	2	3	5	9	1
7	9	8	2	6	1	3	5	4
2	5	3	8	4	9	6	1	7
1	4	6	3	7	5	9	8	2
3	6	5	7	9	2	1	4	8
4	2	9	1	3	8	7	6	5
8	7	1	6	5	4	2	3	9

PUZZLE # - 47
Easy

1	2	4	3	7	5	6	8	9
6	5	7	2	8	9	1	4	3
3	8	9	1	4	6	2	7	5
8	7	6	4	2	3	9	5	1
5	1	2	7	9	8	4	3	6
4	9	3	5	6	1	8	2	7
2	4	5	6	1	7	3	9	8
9	3	1	8	5	4	7	6	2
7	6	8	9	3	2	5	1	4

PUZZLE # - 48
Easy

3	6	7	5	1	2	8	9	4
4	2	8	9	7	6	3	1	5
9	5	1	8	3	4	2	7	6
7	4	6	1	8	5	9	2	3
8	9	2	3	4	7	5	6	1
1	3	5	2	6	9	7	4	8
2	1	4	7	5	8	6	3	9
5	7	3	6	9	1	4	8	2
6	8	9	4	2	3	1	5	7

PUZZLE # - 49
Easy

5	8	9	4	3	1	6	2	7
3	1	2	8	6	7	5	4	9
4	7	6	2	9	5	8	1	3
8	9	7	3	4	2	1	6	5
2	5	4	7	1	6	9	3	8
6	3	1	9	5	8	2	7	4
1	2	8	5	7	4	3	9	6
7	6	3	1	8	9	4	5	2
9	4	5	6	2	3	7	8	1

PUZZLE # - 50
Easy

9	1	5	3	2	4	8	6	7
2	7	3	1	8	6	4	5	9
6	8	4	9	7	5	2	3	1
7	2	8	6	9	1	3	4	5
4	6	9	5	3	8	7	1	2
3	5	1	2	4	7	6	9	8
5	3	2	8	6	9	1	7	4
1	4	6	7	5	2	9	8	3
8	9	7	4	1	3	5	2	6

PUZZLE # - 51
Easy

8	5	9	6	7	4	2	1	3
6	1	2	5	9	3	7	8	4
7	4	3	1	2	8	6	9	5
1	7	4	3	8	9	5	2	6
2	3	5	7	6	1	9	4	8
9	6	8	4	5	2	3	7	1
3	8	6	9	4	7	1	5	2
4	9	1	2	3	5	8	6	7
5	2	7	8	1	6	4	3	9

PUZZLE # - 52
Easy

4	6	9	1	8	7	5	2	3
8	2	1	5	6	3	4	9	7
5	3	7	2	4	9	1	8	6
9	5	2	3	1	8	7	6	4
3	4	8	6	7	5	2	1	9
1	7	6	9	2	4	3	5	8
2	9	4	8	3	1	6	7	5
7	1	5	4	9	6	8	3	2
6	8	3	7	5	2	9	4	1

PUZZLE # - 53
Easy

5	3	8	4	1	9	6	7	2
9	2	7	3	6	8	5	4	1
1	4	6	5	7	2	8	3	9
7	1	9	8	3	5	4	2	6
3	6	2	9	4	1	7	5	8
8	5	4	6	2	7	9	1	3
6	8	1	2	5	4	3	9	7
4	7	3	1	9	6	2	8	5
2	9	5	7	8	3	1	6	4

PUZZLE # - 54
Easy

2	8	4	6	3	7	1	9	5
6	7	3	1	9	5	4	8	2
1	5	9	8	2	4	7	6	3
3	1	7	9	8	2	5	4	6
4	6	8	7	5	3	9	2	1
9	2	5	4	1	6	8	3	7
8	4	6	2	7	1	3	5	9
7	3	2	5	4	9	6	1	8
5	9	1	3	6	8	2	7	4

PUZZLE # - 55
Easy

9	7	4	8	3	6	1	5	2
5	8	1	4	7	2	6	3	9
2	6	3	5	9	1	8	7	4
8	9	6	1	4	3	7	2	5
7	3	5	9	2	8	4	6	1
1	4	2	7	6	5	3	9	8
6	2	9	3	1	4	5	8	7
3	1	8	2	5	7	9	4	6
4	5	7	6	8	9	2	1	3

PUZZLE # - 56
Easy

9	6	1	7	8	2	5	3	4
2	8	7	5	3	4	9	6	1
4	5	3	1	6	9	7	8	2
6	1	8	2	4	7	3	5	9
7	3	2	8	9	5	4	1	6
5	4	9	6	1	3	2	7	8
8	2	5	4	7	1	6	9	3
1	9	4	3	5	6	8	2	7
3	7	6	9	2	8	1	4	5

PUZZLE # - 57
Easy

5	8	2	6	9	4	1	3	7
3	7	4	8	2	1	9	6	5
9	6	1	7	5	3	2	8	4
2	5	8	1	6	9	7	4	3
1	9	7	3	4	8	5	2	6
6	4	3	2	7	5	8	9	1
4	1	6	9	8	7	3	5	2
7	2	9	5	3	6	4	1	8
8	3	5	4	1	2	6	7	9

PUZZLE # - 58
Easy

7	9	4	3	5	6	2	8	1
1	5	8	4	2	7	9	3	6
2	3	6	8	9	1	7	4	5
9	1	3	2	7	4	6	5	8
5	8	2	9	6	3	4	1	7
6	4	7	1	8	5	3	9	2
8	2	1	6	3	9	5	7	4
3	6	5	7	4	8	1	2	9
4	7	9	5	1	2	8	6	3

PUZZLE # - 59
Easy

9	5	7	1	2	6	4	3	8
4	8	1	9	5	3	7	6	2
3	2	6	4	8	7	1	5	9
5	4	9	7	6	2	3	8	1
1	6	2	3	4	8	5	9	7
7	3	8	5	9	1	2	4	6
6	1	3	8	7	5	9	2	4
2	9	5	6	1	4	8	7	3
8	7	4	2	3	9	6	1	5

PUZZLE # - 60
Easy

6	2	4	3	9	7	8	5	1
3	7	1	4	8	5	2	6	9
9	8	5	1	6	2	3	4	7
7	5	3	8	4	6	1	9	2
1	6	2	5	3	9	7	8	4
8	4	9	7	2	1	5	3	6
2	3	8	9	1	4	6	7	5
4	1	7	6	5	8	9	2	3
5	9	6	2	7	3	4	1	8

PUZZLE # - 61
Easy

4	6	8	5	3	9	2	7	1
7	1	9	2	6	4	3	8	5
3	5	2	8	7	1	9	4	6
1	7	6	9	8	3	4	5	2
8	4	5	6	1	2	7	9	3
2	9	3	7	4	5	6	1	8
6	8	4	3	5	7	1	2	9
9	3	7	1	2	8	5	6	4
5	2	1	4	9	6	8	3	7

PUZZLE # - 62
Easy

2	3	5	7	4	8	9	1	6
4	6	9	5	2	1	7	8	3
7	1	8	6	9	3	2	5	4
6	5	1	9	3	7	8	4	2
8	9	4	1	5	2	6	3	7
3	2	7	8	6	4	1	9	5
1	4	3	2	7	9	5	6	8
9	7	6	3	8	5	4	2	1
5	8	2	4	1	6	3	7	9

PUZZLE # - 63
Easy

3	7	4	6	9	2	8	5	1
8	5	1	3	4	7	2	6	9
9	2	6	5	8	1	4	3	7
6	4	3	1	7	5	9	8	2
7	8	5	9	2	3	1	4	6
1	9	2	8	6	4	5	7	3
5	3	8	2	1	6	7	9	4
4	1	9	7	3	8	6	2	5
2	6	7	4	5	9	3	1	8

PUZZLE # - 64
Easy

3	4	5	8	7	6	9	2	1
7	2	8	5	1	9	4	3	6
6	9	1	2	4	3	8	7	5
8	5	2	3	6	4	7	1	9
9	1	3	7	5	2	6	4	8
4	6	7	9	8	1	2	5	3
5	3	6	4	9	7	1	8	2
2	7	9	1	3	8	5	6	4
1	8	4	6	2	5	3	9	7

PUZZLE # - 65
Easy

9	2	3	4	7	1	6	8	5
8	7	4	2	6	5	3	1	9
5	1	6	3	9	8	7	2	4
3	5	8	9	1	4	2	7	6
7	4	9	8	2	6	5	3	1
2	6	1	5	3	7	4	9	8
4	8	2	1	5	3	9	6	7
1	9	7	6	4	2	8	5	3
6	3	5	7	8	9	1	4	2

PUZZLE # - 66
Easy

8	2	9	7	3	4	1	5	6
3	4	7	6	1	5	2	8	9
5	1	6	2	8	9	3	4	7
4	8	3	1	9	6	7	2	5
7	9	5	3	2	8	6	1	4
1	6	2	5	4	7	9	3	8
9	7	1	8	5	3	4	6	2
2	5	4	9	6	1	8	7	3
6	3	8	4	7	2	5	9	1

PUZZLE # - 67
Easy

5	6	8	1	2	4	7	3	9
7	4	3	5	9	6	2	8	1
1	9	2	3	8	7	5	6	4
2	8	4	6	5	3	9	1	7
6	3	7	4	1	9	8	2	5
9	5	1	8	7	2	6	4	3
3	2	5	9	6	1	4	7	8
8	1	6	7	4	5	3	9	2
4	7	9	2	3	8	1	5	6

PUZZLE # - 68
Easy

3	7	9	5	8	6	1	4	2
1	2	8	3	4	9	6	5	7
5	4	6	2	1	7	9	3	8
2	9	7	6	5	4	8	1	3
6	1	4	8	3	2	7	9	5
8	5	3	7	9	1	2	6	4
4	8	1	9	7	3	5	2	6
9	6	5	4	2	8	3	7	1
7	3	2	1	6	5	4	8	9

PUZZLE # - 69
Easy

6	5	8	9	7	3	4	2	1
1	7	9	4	5	2	8	6	3
4	2	3	1	6	8	7	5	9
7	4	2	3	1	9	6	8	5
3	1	5	2	8	6	9	7	4
9	8	6	5	4	7	1	3	2
5	6	1	8	2	4	3	9	7
2	9	7	6	3	1	5	4	8
8	3	4	7	9	5	2	1	6

PUZZLE # - 70
Easy

1	3	9	8	2	6	5	4	7
2	8	4	3	5	7	6	9	1
6	5	7	4	9	1	2	8	3
7	4	3	6	1	5	9	2	8
5	2	6	7	8	9	1	3	4
9	1	8	2	3	4	7	5	6
8	9	1	5	6	3	4	7	2
4	6	2	9	7	8	3	1	5
3	7	5	1	4	2	8	6	9

PUZZLE # - 71
Easy

5	7	4	2	8	1	3	6	9
8	9	2	5	3	6	7	1	4
1	3	6	7	9	4	2	8	5
3	5	9	4	7	8	1	2	6
7	4	1	6	2	9	8	5	3
6	2	8	1	5	3	4	9	7
2	1	5	3	6	7	9	4	8
4	8	3	9	1	5	6	7	2
9	6	7	8	4	2	5	3	1

PUZZLE # - 72
Easy

4	8	6	5	7	9	3	1	2
2	5	7	8	1	3	4	9	6
9	3	1	6	2	4	8	5	7
7	1	5	9	4	8	6	2	3
3	9	2	1	6	7	5	8	4
8	6	4	2	3	5	9	7	1
1	7	8	3	5	6	2	4	9
5	2	3	4	9	1	7	6	8
6	4	9	7	8	2	1	3	5

PUZZLE # - 73
Easy

4	9	5	1	7	6	8	3	2
3	2	7	4	8	5	1	6	9
6	1	8	9	2	3	5	4	7
7	8	1	3	6	9	4	2	5
9	4	2	8	5	1	3	7	6
5	6	3	7	4	2	9	1	8
1	3	6	5	9	7	2	8	4
8	7	9	2	3	4	6	5	1
2	5	4	6	1	8	7	9	3

PUZZLE # - 74
Easy

4	6	9	1	8	7	5	2	3
8	1	5	3	4	2	9	6	7
3	7	2	9	5	6	8	4	1
5	3	4	2	9	1	7	8	6
6	9	8	4	7	5	1	3	2
7	2	1	8	6	3	4	5	9
9	8	7	6	2	4	3	1	5
1	5	6	7	3	8	2	9	4
2	4	3	5	1	9	6	7	8

PUZZLE # - 75
Easy

6	8	4	7	2	3	5	9	1
7	5	9	1	8	4	3	2	6
3	2	1	9	6	5	7	4	8
9	1	2	5	3	8	4	6	7
8	3	5	6	4	7	2	1	9
4	6	7	2	1	9	8	5	3
5	7	8	4	9	1	6	3	2
2	9	3	8	5	6	1	7	4
1	4	6	3	7	2	9	8	5

PUZZLE # - 76
Easy

6	2	8	5	4	3	7	1	9
3	1	4	2	9	7	6	5	8
9	5	7	1	8	6	4	2	3
4	8	2	7	1	9	5	3	6
7	6	3	8	2	5	1	9	4
5	9	1	3	6	4	2	8	7
2	4	6	9	5	8	3	7	1
1	7	9	6	3	2	8	4	5
8	3	5	4	7	1	9	6	2

PUZZLE # - 77
Easy

1	2	5	9	4	7	8	3	6
8	3	9	6	2	1	7	5	4
6	4	7	5	3	8	2	1	9
7	1	8	3	9	2	6	4	5
5	9	2	7	6	4	3	8	1
4	6	3	8	1	5	9	7	2
9	8	6	1	5	3	4	2	7
2	7	1	4	8	6	5	9	3
3	5	4	2	7	9	1	6	8

PUZZLE # - 78
Easy

3	2	4	7	1	5	8	9	6
8	9	6	3	4	2	5	1	7
7	1	5	6	8	9	3	4	2
2	3	1	4	6	8	7	5	9
9	5	8	2	7	1	4	6	3
6	4	7	5	9	3	1	2	8
5	8	2	1	3	6	9	7	4
4	6	9	8	5	7	2	3	1
1	7	3	9	2	4	6	8	5

PUZZLE # - 79
Easy

6	7	8	9	2	1	4	5	3
4	5	2	3	7	6	8	1	9
3	1	9	5	4	8	6	7	2
5	9	7	2	8	4	1	3	6
1	4	6	7	9	3	2	8	5
8	2	3	6	1	5	7	9	4
9	3	4	8	6	7	5	2	1
7	6	5	1	3	2	9	4	8
2	8	1	4	5	9	3	6	7

PUZZLE # - 80
Easy

9	3	1	4	5	8	6	7	2
5	7	2	1	9	6	8	4	3
8	4	6	3	2	7	1	9	5
6	5	7	2	1	3	4	8	9
3	2	9	7	8	4	5	6	1
1	8	4	9	6	5	3	2	7
2	6	8	5	7	1	9	3	4
7	1	3	8	4	9	2	5	6
4	9	5	6	3	2	7	1	8

PUZZLE # - 81
Easy

5	7	3	6	1	2	9	4	8
2	6	8	4	7	9	1	5	3
1	4	9	5	8	3	2	6	7
9	3	2	8	5	4	6	7	1
7	1	4	2	9	6	8	3	5
6	8	5	1	3	7	4	2	9
4	9	1	3	6	5	7	8	2
3	2	7	9	4	8	5	1	6
8	5	6	7	2	1	3	9	4

PUZZLE # - 82
Easy

4	8	2	7	5	3	6	9	1
7	5	6	9	1	4	2	3	8
3	9	1	6	8	2	7	5	4
6	1	7	8	2	5	9	4	3
2	3	5	4	6	9	1	8	7
8	4	9	1	3	7	5	6	2
5	7	8	3	9	1	4	2	6
1	2	3	5	4	6	8	7	9
9	6	4	2	7	8	3	1	5

PUZZLE # - 83
Easy

5	7	2	4	9	8	3	1	6
3	6	9	7	2	1	5	4	8
1	8	4	6	5	3	7	2	9
2	4	5	1	3	9	8	6	7
6	1	3	8	7	4	9	5	2
7	9	8	5	6	2	4	3	1
9	3	1	2	4	7	6	8	5
4	2	6	9	8	5	1	7	3
8	5	7	3	1	6	2	9	4

PUZZLE # - 84
Easy

6	9	1	8	5	4	2	3	7
3	4	5	9	7	2	8	1	6
8	7	2	1	6	3	9	5	4
4	5	9	2	1	8	6	7	3
2	3	7	4	9	6	5	8	1
1	6	8	5	3	7	4	9	2
9	1	3	6	2	5	7	4	8
5	2	4	7	8	1	3	6	9
7	8	6	3	4	9	1	2	5

PUZZLE # - 85
Easy

7	1	2	8	6	4	9	3	5
9	8	5	3	7	1	6	2	4
4	6	3	2	9	5	8	7	1
3	2	7	5	4	9	1	8	6
5	9	6	7	1	8	3	4	2
8	4	1	6	2	3	7	5	9
6	7	9	4	3	2	5	1	8
2	3	8	1	5	6	4	9	7
1	5	4	9	8	7	2	6	3

PUZZLE # - 86
Easy

3	4	5	6	1	8	2	9	7
7	8	6	3	9	2	5	4	1
2	9	1	7	5	4	8	3	6
9	6	2	5	3	7	1	8	4
8	1	4	9	2	6	7	5	3
5	7	3	4	8	1	9	6	2
6	2	9	8	7	3	4	1	5
1	3	8	2	4	5	6	7	9
4	5	7	1	6	9	3	2	8

PUZZLE # - 87
Easy

7	1	9	6	8	4	3	2	5
8	2	3	7	9	5	6	4	1
4	6	5	2	1	3	9	8	7
1	3	8	4	6	2	5	7	9
6	4	7	8	5	9	1	3	2
9	5	2	1	3	7	8	6	4
2	9	1	3	7	8	4	5	6
3	7	6	5	4	1	2	9	8
5	8	4	9	2	6	7	1	3

PUZZLE # - 88
Easy

3	9	8	1	2	6	4	5	7
4	1	5	8	9	7	6	2	3
6	2	7	4	3	5	1	8	9
9	5	6	7	4	8	2	3	1
8	7	2	3	6	1	5	9	4
1	4	3	9	5	2	8	7	6
2	3	9	6	8	4	7	1	5
7	8	4	5	1	3	9	6	2
5	6	1	2	7	9	3	4	8

PUZZLE # - 89
Easy

9	6	7	2	8	1	5	4	3
5	8	3	6	9	4	7	1	2
2	1	4	7	3	5	6	8	9
3	9	1	5	4	2	8	6	7
7	5	6	9	1	8	2	3	4
4	2	8	3	7	6	9	5	1
1	4	9	8	5	7	3	2	6
8	7	2	4	6	3	1	9	5
6	3	5	1	2	9	4	7	8

PUZZLE # - 90
Easy

2	8	4	5	3	1	7	6	9
1	9	7	6	8	4	2	3	5
6	3	5	2	7	9	4	1	8
3	1	2	9	6	8	5	4	7
4	7	6	1	2	5	8	9	3
9	5	8	3	4	7	1	2	6
8	6	1	7	9	2	3	5	4
5	4	3	8	1	6	9	7	2
7	2	9	4	5	3	6	8	1

PUZZLE # - 91
Easy

1	4	9	5	8	3	7	6	2
5	3	6	7	1	2	8	9	4
8	2	7	6	4	9	3	5	1
9	5	4	1	3	8	2	7	6
3	7	2	9	5	6	4	1	8
6	8	1	4	2	7	5	3	9
7	1	5	8	9	4	6	2	3
2	6	8	3	7	1	9	4	5
4	9	3	2	6	5	1	8	7

PUZZLE # - 92
Easy

9	4	1	6	5	7	3	8	2
3	5	6	4	8	2	7	9	1
7	2	8	1	3	9	6	4	5
8	6	2	7	1	5	9	3	4
1	3	9	2	6	4	8	5	7
4	7	5	3	9	8	2	1	6
6	1	4	8	2	3	5	7	9
5	8	7	9	4	6	1	2	3
2	9	3	5	7	1	4	6	8

PUZZLE # - 93

Easy

5	6	2	7	8	3	4	9	1
3	8	1	4	5	9	6	2	7
9	7	4	2	6	1	3	8	5
6	1	9	5	2	4	8	7	3
4	2	8	3	9	7	1	5	6
7	3	5	6	1	8	2	4	9
8	9	3	1	7	2	5	6	4
2	4	6	9	3	5	7	1	8
1	5	7	8	4	6	9	3	2

PUZZLE # - 94

Easy

7	8	2	3	9	4	5	6	1
6	9	5	2	8	1	4	7	3
1	3	4	7	6	5	8	2	9
2	6	3	5	1	8	7	9	4
4	1	7	6	3	9	2	5	8
9	5	8	4	7	2	3	1	6
5	4	1	8	2	6	9	3	7
8	7	6	9	5	3	1	4	2
3	2	9	1	4	7	6	8	5

PUZZLE # - 95

Easy

8	4	7	2	6	5	3	9	1
2	5	9	1	4	3	6	8	7
3	6	1	8	9	7	2	5	4
4	3	5	7	1	9	8	2	6
1	7	8	3	2	6	5	4	9
9	2	6	4	5	8	1	7	3
7	1	4	6	8	2	9	3	5
5	8	3	9	7	1	4	6	2
6	9	2	5	3	4	7	1	8

PUZZLE # - 96

Easy

1	6	4	8	9	5	3	7	2
8	3	5	6	7	2	1	4	9
9	7	2	3	1	4	6	8	5
5	2	9	7	6	3	4	1	8
4	8	7	1	2	9	5	6	3
6	1	3	5	4	8	9	2	7
3	4	6	2	5	7	8	9	1
7	5	1	9	8	6	2	3	4
2	9	8	4	3	1	7	5	6

PUZZLE # - 97

Easy

7	8	9	3	6	2	4	1	5
5	6	3	4	9	1	7	8	2
4	1	2	7	5	8	6	9	3
9	7	6	2	8	4	3	5	1
3	4	5	9	1	6	8	2	7
1	2	8	5	3	7	9	4	6
8	3	1	6	2	9	5	7	4
6	9	7	1	4	5	2	3	8
2	5	4	8	7	3	1	6	9

PUZZLE # - 98

Easy

1	5	2	7	6	3	4	9	8
9	3	7	4	8	5	6	2	1
6	8	4	1	9	2	7	5	3
3	1	6	2	5	4	8	7	9
4	7	8	9	3	1	5	6	2
5	2	9	6	7	8	1	3	4
8	6	5	3	1	9	2	4	7
7	4	3	8	2	6	9	1	5
2	9	1	5	4	7	3	8	6

PUZZLE # - 99

Easy

3	2	4	9	1	6	5	7	8
6	9	5	7	4	8	2	3	1
8	7	1	5	3	2	4	6	9
7	6	8	4	9	5	3	1	2
5	3	9	2	6	1	7	8	4
4	1	2	3	8	7	6	9	5
1	5	3	6	2	9	8	4	7
2	8	6	1	7	4	9	5	3
9	4	7	8	5	3	1	2	6

PUZZLE # - 100

Easy

5	9	4	8	7	6	2	1	3
7	8	1	4	3	2	5	6	9
3	6	2	9	1	5	8	7	4
8	4	7	3	9	1	6	5	2
2	3	6	7	5	4	9	8	1
9	1	5	6	2	8	4	3	7
6	5	3	2	4	7	1	9	8
4	7	8	1	6	9	3	2	5
1	2	9	5	8	3	7	4	6

PUZZLE # - 101
Intermediate

1	9	7	2	3	8	6	4	5
2	8	5	9	4	6	3	7	1
4	3	6	1	5	7	9	8	2
3	1	9	6	8	5	7	2	4
8	5	2	4	7	9	1	6	3
6	7	4	3	2	1	5	9	8
9	6	3	8	1	2	4	5	7
7	4	8	5	9	3	2	1	6
5	2	1	7	6	4	8	3	9

PUZZLE # - 102
Intermediate

7	6	3	9	8	2	5	1	4
1	8	9	4	3	5	7	2	6
2	5	4	1	6	7	3	9	8
5	3	7	8	4	9	2	6	1
9	1	2	5	7	6	8	4	3
6	4	8	2	1	3	9	5	7
3	9	6	7	2	4	1	8	5
4	2	1	3	5	8	6	7	9
8	7	5	6	9	1	4	3	2

PUZZLE # - 103
Intermediate

4	5	6	1	2	3	8	9	7
8	7	1	6	5	9	2	4	3
2	3	9	4	7	8	1	5	6
1	6	5	7	4	2	3	8	9
7	8	4	3	9	6	5	1	2
3	9	2	5	8	1	7	6	4
6	4	7	8	3	5	9	2	1
5	2	3	9	1	4	6	7	8
9	1	8	2	6	7	4	3	5

PUZZLE # - 104
Intermediate

6	7	1	3	5	4	9	8	2
4	8	9	6	1	2	3	5	7
2	3	5	8	9	7	4	6	1
1	2	8	4	3	5	7	9	6
9	6	3	1	7	8	5	2	4
7	5	4	2	6	9	8	1	3
8	9	6	7	2	3	1	4	5
3	4	2	5	8	1	6	7	9
5	1	7	9	4	6	2	3	8

PUZZLE # - 105
Intermediate

3	1	6	7	9	4	2	5	8
8	5	9	1	2	6	4	7	3
2	7	4	8	5	3	6	9	1
5	8	2	4	1	7	9	3	6
9	3	7	2	6	5	8	1	4
6	4	1	3	8	9	7	2	5
1	6	8	9	3	2	5	4	7
4	2	5	6	7	1	3	8	9
7	9	3	5	4	8	1	6	2

PUZZLE # - 106
Intermediate

9	1	5	7	6	2	4	3	8
6	4	2	9	8	3	5	1	7
7	3	8	4	1	5	2	6	9
4	7	1	3	9	8	6	2	5
2	6	9	1	5	7	3	8	4
8	5	3	6	2	4	7	9	1
1	9	4	5	3	6	8	7	2
3	8	7	2	4	1	9	5	6
5	2	6	8	7	9	1	4	3

PUZZLE # - 107
Intermediate

4	3	6	9	1	2	8	5	7
7	2	5	4	3	8	9	1	6
9	1	8	7	5	6	2	3	4
8	9	3	1	4	5	7	6	2
1	4	2	8	6	7	3	9	5
5	6	7	3	2	9	4	8	1
2	7	9	6	8	1	5	4	3
6	5	4	2	9	3	1	7	8
3	8	1	5	7	4	6	2	9

PUZZLE # - 108
Intermediate

1	5	2	4	6	9	3	7	8
9	6	4	8	3	7	1	5	2
7	3	8	5	1	2	6	9	4
5	7	3	6	2	8	9	4	1
4	9	1	3	7	5	8	2	6
8	2	6	9	4	1	5	3	7
3	8	7	1	9	4	2	6	5
2	1	9	7	5	6	4	8	3
6	4	5	2	8	3	7	1	9

PUZZLE # - 109
Intermediate

7	1	8	9	4	2	5	3	6
6	9	3	7	8	5	1	2	4
4	5	2	1	6	3	7	9	8
5	2	6	3	1	8	9	4	7
9	7	1	6	5	4	3	8	2
8	3	4	2	9	7	6	1	5
2	6	7	8	3	9	4	5	1
3	8	5	4	7	1	2	6	9
1	4	9	5	2	6	8	7	3

PUZZLE # - 110
Intermediate

2	7	8	1	9	6	4	3	5
1	9	3	2	4	5	7	8	6
5	6	4	8	7	3	1	9	2
3	2	6	5	1	4	8	7	9
4	8	9	7	3	2	5	6	1
7	1	5	9	6	8	3	2	4
6	3	7	4	5	9	2	1	8
9	4	2	3	8	1	6	5	7
8	5	1	6	2	7	9	4	3

PUZZLE # - 111
Intermediate

8	9	4	2	1	3	7	6	5
7	1	5	8	6	9	2	4	3
2	3	6	4	7	5	9	8	1
4	2	3	7	5	6	1	9	8
5	8	1	3	9	4	6	7	2
6	7	9	1	2	8	3	5	4
3	4	7	9	8	1	5	2	6
1	6	2	5	4	7	8	3	9
9	5	8	6	3	2	4	1	7

PUZZLE # - 112
Intermediate

7	3	4	6	8	2	1	5	9
9	5	2	3	7	1	6	4	8
8	1	6	9	4	5	3	7	2
1	8	9	7	3	4	2	6	5
2	6	7	5	1	8	9	3	4
3	4	5	2	6	9	7	8	1
5	2	3	4	9	6	8	1	7
4	7	1	8	2	3	5	9	6
6	9	8	1	5	7	4	2	3

PUZZLE # - 113
Intermediate

2	3	7	8	5	4	6	1	9
1	6	4	3	2	9	8	7	5
8	5	9	6	7	1	4	3	2
7	2	1	4	9	5	3	8	6
5	4	8	7	6	3	9	2	1
6	9	3	2	1	8	7	5	4
4	1	5	9	8	7	2	6	3
3	8	2	1	4	6	5	9	7
9	7	6	5	3	2	1	4	8

PUZZLE # - 114
Intermediate

2	6	8	3	9	4	7	5	1
7	1	5	8	2	6	3	9	4
9	3	4	1	7	5	8	2	6
4	2	7	9	1	3	6	8	5
6	9	3	2	5	8	1	4	7
5	8	1	6	4	7	2	3	9
1	4	6	5	3	2	9	7	8
3	5	9	7	8	1	4	6	2
8	7	2	4	6	9	5	1	3

PUZZLE # - 115
Intermediate

5	6	7	4	2	9	3	1	8
9	3	2	6	8	1	7	4	5
8	4	1	5	7	3	2	6	9
6	7	3	8	5	2	1	9	4
2	8	4	9	1	6	5	3	7
1	9	5	3	4	7	6	8	2
3	2	9	7	6	4	8	5	1
4	1	8	2	3	5	9	7	6
7	5	6	1	9	8	4	2	3

PUZZLE # - 116
Intermediate

6	9	8	5	7	3	2	1	4
7	5	1	9	2	4	3	8	6
2	3	4	1	6	8	7	9	5
8	2	6	7	3	5	1	4	9
3	7	5	4	9	1	8	6	2
1	4	9	6	8	2	5	7	3
5	8	7	2	4	9	6	3	1
9	6	2	3	1	7	4	5	8
4	1	3	8	5	6	9	2	7

PUZZLE # - 117
Intermediate

2	9	1	6	5	3	7	4	8
5	6	4	8	9	7	3	1	2
3	8	7	2	1	4	5	9	6
1	4	3	7	8	9	6	2	5
9	5	8	1	2	6	4	3	7
7	2	6	4	3	5	1	8	9
4	1	5	9	7	8	2	6	3
8	3	2	5	6	1	9	7	4
6	7	9	3	4	2	8	5	1

PUZZLE # - 118
Intermediate

7	5	2	1	3	8	4	9	6
6	3	9	4	2	7	8	1	5
1	8	4	5	9	6	2	3	7
9	4	3	7	1	5	6	2	8
8	1	6	3	4	2	7	5	9
2	7	5	8	6	9	1	4	3
5	2	8	9	7	1	3	6	4
3	9	1	6	8	4	5	7	2
4	6	7	2	5	3	9	8	1

PUZZLE # - 119
Intermediate

6	5	4	3	9	7	1	8	2
8	3	9	6	2	1	5	7	4
7	1	2	8	4	5	6	3	9
2	6	1	7	5	8	4	9	3
3	4	8	9	6	2	7	5	1
5	9	7	4	1	3	2	6	8
9	7	6	2	8	4	3	1	5
1	2	3	5	7	9	8	4	6
4	8	5	1	3	6	9	2	7

PUZZLE # - 120
Intermediate

3	1	5	9	2	6	4	7	8
6	9	2	4	8	7	3	1	5
7	4	8	1	5	3	6	9	2
2	5	3	8	6	1	7	4	9
4	8	6	2	7	9	1	5	3
9	7	1	3	4	5	8	2	6
1	3	7	5	9	8	2	6	4
5	6	4	7	3	2	9	8	1
8	2	9	6	1	4	5	3	7

PUZZLE # - 121
Intermediate

3	9	7	2	8	1	5	4	6
8	6	1	4	7	5	9	3	2
2	5	4	3	9	6	8	7	1
9	7	3	8	4	2	1	6	5
6	2	5	7	1	9	4	8	3
4	1	8	6	5	3	7	2	9
7	3	9	1	2	8	6	5	4
1	8	6	5	3	4	2	9	7
5	4	2	9	6	7	3	1	8

PUZZLE # - 122
Intermediate

9	6	8	5	1	4	2	3	7
4	7	3	9	2	6	8	5	1
5	1	2	3	8	7	6	4	9
6	8	9	2	5	3	7	1	4
1	3	4	7	6	8	9	2	5
2	5	7	1	4	9	3	6	8
3	4	5	8	9	2	1	7	6
8	2	1	6	7	5	4	9	3
7	9	6	4	3	1	5	8	2

PUZZLE # - 123
Intermediate

8	7	2	5	3	1	6	9	4
1	3	6	2	9	4	8	7	5
9	5	4	6	7	8	1	3	2
6	1	7	3	2	9	4	5	8
2	9	3	8	4	5	7	6	1
4	8	5	7	1	6	3	2	9
3	4	8	9	6	2	5	1	7
7	2	1	4	5	3	9	8	6
5	6	9	1	8	7	2	4	3

PUZZLE # - 124
Intermediate

3	6	7	5	9	2	8	4	1
2	8	1	6	4	7	9	3	5
9	4	5	8	3	1	6	7	2
8	9	6	7	5	3	2	1	4
5	1	3	9	2	4	7	8	6
4	7	2	1	8	6	3	5	9
1	2	4	3	6	8	5	9	7
6	5	8	4	7	9	1	2	3
7	3	9	2	1	5	4	6	8

PUZZLE # - 125
Intermediate

9	7	3	6	4	2	8	1	5
2	4	8	7	1	5	9	6	3
5	1	6	8	9	3	4	7	2
7	9	2	3	6	1	5	8	4
1	3	5	9	8	4	6	2	7
8	6	4	2	5	7	1	3	9
4	8	7	5	3	6	2	9	1
3	5	9	1	2	8	7	4	6
6	2	1	4	7	9	3	5	8

PUZZLE # - 126
Intermediate

5	4	6	3	2	9	7	1	8
8	9	3	1	6	7	2	4	5
7	1	2	8	4	5	6	3	9
9	2	1	4	3	6	5	8	7
3	6	5	2	7	8	4	9	1
4	8	7	5	9	1	3	2	6
1	3	9	6	5	4	8	7	2
6	7	4	9	8	2	1	5	3
2	5	8	7	1	3	9	6	4

PUZZLE # - 127
Intermediate

5	8	2	9	6	1	7	3	4
9	1	6	7	3	4	8	5	2
4	3	7	2	5	8	9	1	6
8	2	1	4	7	6	3	9	5
3	4	5	8	1	9	2	6	7
6	7	9	5	2	3	4	8	1
1	9	8	6	4	7	5	2	3
2	6	4	3	8	5	1	7	9
7	5	3	1	9	2	6	4	8

PUZZLE # - 128
Intermediate

6	1	5	9	8	7	3	4	2
9	8	7	3	4	2	5	1	6
4	3	2	5	1	6	8	9	7
8	5	9	2	6	4	7	3	1
3	2	1	7	5	8	4	6	9
7	4	6	1	9	3	2	8	5
1	6	8	4	7	5	9	2	3
5	9	3	8	2	1	6	7	4
2	7	4	6	3	9	1	5	8

PUZZLE # - 129
Intermediate

3	8	9	2	7	6	5	4	1
1	2	4	8	9	5	3	7	6
6	7	5	3	1	4	9	2	8
5	9	1	6	2	8	4	3	7
4	6	8	7	5	3	2	1	9
7	3	2	1	4	9	6	8	5
9	5	3	4	8	1	7	6	2
8	4	7	5	6	2	1	9	3
2	1	6	9	3	7	8	5	4

PUZZLE # - 130
Intermediate

7	1	9	2	8	5	4	3	6
6	2	4	3	7	9	5	8	1
3	8	5	6	1	4	9	2	7
9	5	2	1	4	8	6	7	3
4	7	6	9	3	2	8	1	5
8	3	1	7	5	6	2	9	4
1	6	8	4	2	3	7	5	9
5	9	7	8	6	1	3	4	2
2	4	3	5	9	7	1	6	8

PUZZLE # - 131
Intermediate

9	1	8	4	2	3	5	6	7
6	3	2	9	7	5	8	1	4
5	7	4	8	6	1	3	2	9
3	2	5	6	4	9	1	7	8
1	6	9	7	5	8	4	3	2
4	8	7	1	3	2	9	5	6
8	9	6	3	1	7	2	4	5
7	5	3	2	9	4	6	8	1
2	4	1	5	8	6	7	9	3

PUZZLE # - 132
Intermediate

9	5	2	1	7	4	8	6	3
3	8	4	9	6	5	7	1	2
7	1	6	8	2	3	4	9	5
5	9	7	3	8	2	6	4	1
6	3	1	4	5	9	2	7	8
4	2	8	6	1	7	5	3	9
1	4	5	7	9	8	3	2	6
8	6	3	2	4	1	9	5	7
2	7	9	5	3	6	1	8	4

PUZZLE # - 133
Intermediate

5	7	1	8	3	2	9	6	4
6	8	9	4	7	1	5	3	2
2	3	4	9	5	6	8	1	7
4	6	5	7	2	9	3	8	1
8	1	3	5	6	4	7	2	9
7	9	2	1	8	3	6	4	5
1	4	6	3	9	7	2	5	8
3	5	7	2	4	8	1	9	6
9	2	8	6	1	5	4	7	3

PUZZLE # - 134
Intermediate

3	9	1	4	6	8	7	2	5
8	4	2	1	7	5	6	3	9
5	7	6	2	3	9	4	1	8
4	2	5	6	9	3	1	8	7
7	1	3	5	8	2	9	6	4
9	6	8	7	4	1	2	5	3
6	8	9	3	1	7	5	4	2
1	5	7	8	2	4	3	9	6
2	3	4	9	5	6	8	7	1

PUZZLE # - 135
Intermediate

8	5	9	6	1	4	7	2	3
4	7	2	9	8	3	1	6	5
1	6	3	7	2	5	9	4	8
3	8	7	1	9	2	6	5	4
5	1	4	3	6	7	8	9	2
9	2	6	4	5	8	3	7	1
2	4	1	8	7	9	5	3	6
7	3	8	5	4	6	2	1	9
6	9	5	2	3	1	4	8	7

PUZZLE # - 136
Intermediate

7	6	8	1	4	2	3	5	9
4	9	3	7	6	5	2	1	8
1	5	2	3	8	9	4	7	6
9	7	1	6	5	3	8	4	2
3	2	4	8	9	1	7	6	5
5	8	6	4	2	7	9	3	1
6	4	9	5	7	8	1	2	3
8	1	5	2	3	4	6	9	7
2	3	7	9	1	6	5	8	4

PUZZLE # - 137
Intermediate

2	8	1	6	3	5	9	4	7
4	5	6	9	2	7	3	8	1
7	3	9	1	8	4	5	2	6
8	6	4	3	7	1	2	9	5
1	7	5	2	4	9	8	6	3
9	2	3	5	6	8	1	7	4
5	1	7	4	9	2	6	3	8
6	4	2	8	1	3	7	5	9
3	9	8	7	5	6	4	1	2

PUZZLE # - 138
Intermediate

2	6	8	3	7	4	5	1	9
4	3	1	9	8	5	2	7	6
5	7	9	2	1	6	8	4	3
9	4	2	6	3	1	7	8	5
1	8	3	5	4	7	9	6	2
6	5	7	8	9	2	1	3	4
7	1	5	4	2	3	6	9	8
3	9	6	1	5	8	4	2	7
8	2	4	7	6	9	3	5	1

PUZZLE # - 139
Intermediate

4	3	7	2	6	9	8	1	5
8	2	6	7	1	5	4	9	3
1	5	9	3	4	8	2	7	6
3	1	4	5	2	6	7	8	9
5	6	8	9	7	1	3	2	4
7	9	2	8	3	4	6	5	1
9	7	1	6	8	3	5	4	2
2	4	3	1	5	7	9	6	8
6	8	5	4	9	2	1	3	7

PUZZLE # - 140
Intermediate

1	8	4	7	9	3	5	2	6
2	7	3	4	5	6	1	8	9
6	9	5	8	1	2	7	3	4
7	4	1	3	6	9	8	5	2
8	5	9	2	7	1	4	6	3
3	6	2	5	8	4	9	1	7
5	1	6	9	2	7	3	4	8
9	3	8	6	4	5	2	7	1
4	2	7	1	3	8	6	9	5

PUZZLE # - 141
Intermediate

9	5	2	7	8	6	4	1	3
3	4	8	1	9	2	6	5	7
6	7	1	5	3	4	9	2	8
8	3	7	4	5	9	2	6	1
1	2	5	3	6	7	8	4	9
4	6	9	2	1	8	7	3	5
5	9	6	8	4	3	1	7	2
7	8	3	6	2	1	5	9	4
2	1	4	9	7	5	3	8	6

PUZZLE # - 142
Intermediate

5	8	3	9	2	7	6	1	4
9	1	6	4	8	5	7	3	2
2	4	7	6	3	1	9	8	5
6	5	8	1	7	3	4	2	9
1	7	2	8	4	9	5	6	3
4	3	9	2	5	6	1	7	8
8	9	1	3	6	4	2	5	7
3	6	5	7	9	2	8	4	1
7	2	4	5	1	8	3	9	6

PUZZLE # - 143
Intermediate

9	5	1	4	8	6	7	2	3
7	6	3	5	9	2	1	4	8
4	8	2	7	3	1	5	9	6
6	7	8	9	2	4	3	1	5
5	2	4	1	6	3	8	7	9
1	3	9	8	7	5	2	6	4
3	9	5	6	1	7	4	8	2
2	1	6	3	4	8	9	5	7
8	4	7	2	5	9	6	3	1

PUZZLE # - 144
Intermediate

8	9	7	3	4	1	2	6	5
5	6	2	9	8	7	4	1	3
1	4	3	2	6	5	7	8	9
3	1	5	4	2	9	8	7	6
9	7	4	6	5	8	3	2	1
2	8	6	7	1	3	9	5	4
4	5	1	8	9	2	6	3	7
6	3	8	5	7	4	1	9	2
7	2	9	1	3	6	5	4	8

PUZZLE # - 145
Intermediate

6	1	5	9	4	8	2	3	7
9	2	3	6	5	7	8	4	1
4	7	8	3	2	1	5	9	6
2	3	7	5	8	6	4	1	9
8	6	1	4	7	9	3	2	5
5	9	4	2	1	3	6	7	8
1	4	6	7	3	5	9	8	2
7	5	2	8	9	4	1	6	3
3	8	9	1	6	2	7	5	4

PUZZLE # - 146
Intermediate

2	7	1	5	9	6	8	3	4
5	3	9	2	8	4	7	6	1
6	4	8	7	1	3	9	2	5
1	8	6	3	7	2	5	4	9
3	9	4	1	5	8	2	7	6
7	5	2	6	4	9	1	8	3
8	2	5	4	6	1	3	9	7
9	6	7	8	3	5	4	1	2
4	1	3	9	2	7	6	5	8

PUZZLE # - 147
Intermediate

9	6	7	3	1	2	4	5	8
1	5	2	6	8	4	9	3	7
8	4	3	7	5	9	6	1	2
7	9	4	8	6	5	3	2	1
5	3	8	9	2	1	7	6	4
6	2	1	4	7	3	8	9	5
3	7	5	1	9	8	2	4	6
4	1	6	2	3	7	5	8	9
2	8	9	5	4	6	1	7	3

PUZZLE # - 148
Intermediate

8	3	6	5	7	2	9	1	4
4	9	1	6	8	3	7	5	2
2	7	5	9	1	4	8	6	3
7	6	4	1	2	9	5	3	8
9	2	3	4	5	8	6	7	1
1	5	8	7	3	6	4	2	9
3	8	7	2	4	5	1	9	6
5	4	9	3	6	1	2	8	7
6	1	2	8	9	7	3	4	5

PUZZLE # - 149
Intermediate

1	6	7	9	5	8	2	3	4
8	5	9	3	2	4	7	1	6
4	3	2	7	1	6	9	8	5
5	7	8	2	6	9	3	4	1
2	1	6	8	4	3	5	7	9
3	9	4	5	7	1	8	6	2
9	8	1	6	3	5	4	2	7
7	4	3	1	9	2	6	5	8
6	2	5	4	8	7	1	9	3

PUZZLE # - 150
Intermediate

1	3	9	5	7	6	8	4	2
6	2	5	1	4	8	7	3	9
4	8	7	9	2	3	1	5	6
5	7	8	4	1	9	6	2	3
3	4	1	6	5	2	9	7	8
9	6	2	8	3	7	5	1	4
2	5	6	3	8	1	4	9	7
7	9	4	2	6	5	3	8	1
8	1	3	7	9	4	2	6	5

PUZZLE # - 151
Intermediate

6	9	2	4	8	5	3	1	7
8	3	1	2	9	7	6	4	5
5	7	4	3	1	6	9	2	8
4	6	9	1	3	8	7	5	2
3	1	7	6	5	2	4	8	9
2	5	8	7	4	9	1	6	3
7	8	5	9	6	1	2	3	4
9	4	6	5	2	3	8	7	1
1	2	3	8	7	4	5	9	6

PUZZLE # - 152
Intermediate

2	1	5	7	4	3	6	9	8
9	4	3	2	8	6	1	5	7
8	6	7	1	9	5	2	4	3
7	2	9	8	1	4	5	3	6
4	8	6	3	5	2	7	1	9
3	5	1	6	7	9	8	2	4
5	9	2	4	6	7	3	8	1
1	7	4	5	3	8	9	6	2
6	3	8	9	2	1	4	7	5

PUZZLE # - 153
Intermediate

9	4	7	1	3	6	5	2	8
2	1	5	8	4	9	7	3	6
3	6	8	7	2	5	1	4	9
1	3	9	4	7	8	6	5	2
7	5	4	9	6	2	3	8	1
6	8	2	3	5	1	9	7	4
5	9	3	6	8	4	2	1	7
8	7	1	2	9	3	4	6	5
4	2	6	5	1	7	8	9	3

PUZZLE # - 154
Intermediate

1	9	8	6	4	5	7	2	3
4	2	5	1	7	3	8	9	6
6	3	7	2	8	9	4	1	5
3	6	9	4	1	2	5	7	8
7	4	2	5	9	8	3	6	1
5	8	1	7	3	6	9	4	2
9	5	4	3	2	1	6	8	7
8	1	6	9	5	7	2	3	4
2	7	3	8	6	4	1	5	9

PUZZLE # - 155
Intermediate

6	7	1	2	8	3	4	5	9
2	5	8	4	1	9	3	7	6
3	4	9	6	7	5	1	2	8
8	3	4	9	2	1	5	6	7
1	9	2	5	6	7	8	3	4
7	6	5	8	3	4	2	9	1
4	2	6	3	9	8	7	1	5
5	1	3	7	4	6	9	8	2
9	8	7	1	5	2	6	4	3

PUZZLE # - 156
Intermediate

4	5	2	3	6	7	8	1	9
6	1	7	9	8	5	3	2	4
8	3	9	1	2	4	7	5	6
9	8	6	2	7	3	1	4	5
7	4	5	6	9	1	2	3	8
1	2	3	5	4	8	9	6	7
3	7	1	8	5	6	4	9	2
2	6	8	4	3	9	5	7	1
5	9	4	7	1	2	6	8	3

PUZZLE # - 157
Intermediate

1	2	5	6	7	8	4	3	9
7	4	3	5	1	9	2	8	6
9	8	6	3	2	4	7	1	5
8	1	2	7	5	6	3	9	4
3	5	9	8	4	2	1	6	7
6	7	4	9	3	1	5	2	8
2	3	8	4	6	7	9	5	1
5	6	7	1	9	3	8	4	2
4	9	1	2	8	5	6	7	3

PUZZLE # - 158
Intermediate

7	2	3	1	9	6	4	8	5
6	9	8	7	5	4	3	2	1
4	1	5	2	3	8	6	9	7
5	7	9	8	1	3	2	4	6
8	3	4	5	6	2	7	1	9
2	6	1	4	7	9	5	3	8
1	5	2	3	8	7	9	6	4
9	4	7	6	2	1	8	5	3
3	8	6	9	4	5	1	7	2

PUZZLE # - 159
Intermediate

4	5	3	8	1	9	6	2	7
8	2	9	5	6	7	1	3	4
1	6	7	2	3	4	5	8	9
9	3	6	1	5	8	4	7	2
7	4	1	9	2	6	8	5	3
5	8	2	4	7	3	9	6	1
6	7	8	3	9	1	2	4	5
2	9	4	7	8	5	3	1	6
3	1	5	6	4	2	7	9	8

PUZZLE # - 160
Intermediate

6	7	4	3	1	8	5	9	2
2	1	3	6	9	5	7	8	4
5	8	9	4	2	7	3	6	1
9	4	2	7	5	1	8	3	6
1	3	8	9	6	4	2	7	5
7	6	5	8	3	2	4	1	9
4	9	1	5	8	3	6	2	7
3	5	6	2	7	9	1	4	8
8	2	7	1	4	6	9	5	3

PUZZLE # - 161
Intermediate

6	5	7	8	2	9	4	1	3
3	4	1	6	7	5	2	8	9
2	9	8	1	4	3	7	6	5
7	2	3	4	9	6	1	5	8
8	1	5	2	3	7	6	9	4
4	6	9	5	8	1	3	7	2
1	8	2	7	5	4	9	3	6
9	7	4	3	6	8	5	2	1
5	3	6	9	1	2	8	4	7

PUZZLE # - 162
Intermediate

5	6	4	2	9	3	7	1	8
9	3	1	6	7	8	2	5	4
8	7	2	1	4	5	3	9	6
6	8	9	3	1	2	4	7	5
2	5	7	8	6	4	1	3	9
1	4	3	9	5	7	8	6	2
7	1	6	4	2	9	5	8	3
3	2	5	7	8	6	9	4	1
4	9	8	5	3	1	6	2	7

PUZZLE # - 163
Intermediate

4	9	1	3	2	7	6	8	5
6	2	5	1	9	8	7	3	4
3	7	8	4	6	5	1	2	9
7	6	3	5	1	4	8	9	2
5	4	2	7	8	9	3	1	6
1	8	9	2	3	6	5	4	7
9	3	7	8	5	2	4	6	1
2	1	4	6	7	3	9	5	8
8	5	6	9	4	1	2	7	3

PUZZLE # - 164
Intermediate

3	7	6	2	8	9	4	1	5
8	5	1	3	7	4	9	6	2
9	2	4	5	6	1	7	8	3
4	9	8	6	5	7	2	3	1
2	3	7	4	1	8	5	9	6
1	6	5	9	3	2	8	4	7
6	1	9	7	4	5	3	2	8
7	8	2	1	9	3	6	5	4
5	4	3	8	2	6	1	7	9

PUZZLE # - 165
Intermediate

2	4	7	6	8	1	5	3	9
5	8	1	7	9	3	2	4	6
9	3	6	5	4	2	8	7	1
6	5	8	2	7	4	1	9	3
3	2	9	8	1	6	4	5	7
1	7	4	9	3	5	6	2	8
7	6	3	4	5	8	9	1	2
4	9	2	1	6	7	3	8	5
8	1	5	3	2	9	7	6	4

PUZZLE # - 166
Intermediate

4	5	2	1	7	9	3	8	6
6	7	3	4	8	5	1	2	9
9	8	1	6	2	3	5	4	7
7	1	9	5	6	8	4	3	2
2	4	5	9	3	1	7	6	8
8	3	6	7	4	2	9	1	5
3	2	4	8	9	7	6	5	1
1	6	7	2	5	4	8	9	3
5	9	8	3	1	6	2	7	4

PUZZLE # - 167
Intermediate

9	8	4	1	2	5	7	3	6
2	1	3	9	6	7	5	4	8
5	6	7	8	3	4	9	2	1
7	2	9	6	5	1	4	8	3
6	3	8	7	4	2	1	9	5
1	4	5	3	9	8	6	7	2
3	7	6	5	8	9	2	1	4
8	9	2	4	1	6	3	5	7
4	5	1	2	7	3	8	6	9

PUZZLE # - 168
Intermediate

5	6	9	2	3	8	1	7	4
4	1	3	6	7	5	9	8	2
8	2	7	4	1	9	3	6	5
7	5	8	3	2	1	6	4	9
1	9	4	7	5	6	8	2	3
6	3	2	9	8	4	5	1	7
3	8	5	1	4	2	7	9	6
9	4	1	5	6	7	2	3	8
2	7	6	8	9	3	4	5	1

PUZZLE # - 169
Intermediate

4	1	7	2	8	9	6	3	5
6	8	3	1	5	7	9	2	4
2	9	5	6	4	3	8	7	1
8	7	4	3	9	1	5	6	2
9	2	6	4	7	5	1	8	3
3	5	1	8	2	6	4	9	7
7	6	2	5	1	8	3	4	9
5	4	8	9	3	2	7	1	6
1	3	9	7	6	4	2	5	8

PUZZLE # - 170
Intermediate

7	1	8	3	4	6	2	9	5
3	6	5	2	7	9	1	4	8
2	9	4	1	8	5	7	6	3
4	5	6	7	2	3	9	8	1
9	8	2	5	6	1	3	7	4
1	3	7	4	9	8	6	5	2
8	7	1	6	5	2	4	3	9
5	4	3	9	1	7	8	2	6
6	2	9	8	3	4	5	1	7

PUZZLE # - 171
Intermediate

2	6	9	5	1	4	3	8	7
3	4	7	9	2	8	1	6	5
1	5	8	6	7	3	9	2	4
4	8	6	7	3	5	2	9	1
9	7	2	8	6	1	5	4	3
5	1	3	4	9	2	8	7	6
6	3	5	2	8	7	4	1	9
8	9	4	1	5	6	7	3	2
7	2	1	3	4	9	6	5	8

PUZZLE # - 172
Intermediate

4	3	5	6	8	1	2	9	7
8	7	6	9	2	4	5	3	1
1	2	9	3	7	5	6	4	8
5	1	8	2	4	3	9	7	6
2	4	3	7	6	9	1	8	5
9	6	7	5	1	8	3	2	4
7	9	4	1	5	2	8	6	3
6	5	2	8	3	7	4	1	9
3	8	1	4	9	6	7	5	2

PUZZLE # - 173
Intermediate

7	8	9	6	5	2	4	3	1
2	1	3	9	7	4	8	5	6
6	5	4	1	3	8	9	7	2
4	2	8	3	9	1	5	6	7
3	9	6	5	2	7	1	8	4
1	7	5	8	4	6	2	9	3
8	4	1	7	6	5	3	2	9
5	3	7	2	1	9	6	4	8
9	6	2	4	8	3	7	1	5

PUZZLE # - 174
Intermediate

5	1	3	6	7	2	4	8	9
2	4	9	3	1	8	5	6	7
7	6	8	4	5	9	1	2	3
6	5	1	9	2	3	8	7	4
4	3	7	5	8	1	6	9	2
9	8	2	7	4	6	3	5	1
3	2	4	8	9	5	7	1	6
8	9	6	1	3	7	2	4	5
1	7	5	2	6	4	9	3	8

PUZZLE # - 175
Intermediate

8	3	5	1	6	9	2	4	7
7	2	1	8	4	3	9	5	6
4	6	9	7	2	5	3	1	8
9	5	8	4	1	2	6	7	3
1	7	2	3	9	6	5	8	4
3	4	6	5	8	7	1	2	9
5	1	7	6	3	8	4	9	2
2	8	3	9	5	4	7	6	1
6	9	4	2	7	1	8	3	5

PUZZLE # - 176
Intermediate

3	5	2	9	4	6	8	1	7
7	4	6	2	1	8	3	5	9
9	8	1	5	7	3	6	4	2
2	3	8	4	5	9	1	7	6
5	6	4	7	3	1	2	9	8
1	9	7	8	6	2	5	3	4
4	2	3	6	9	5	7	8	1
6	7	5	1	8	4	9	2	3
8	1	9	3	2	7	4	6	5

PUZZLE # - 177
Intermediate

7	6	4	5	1	3	8	9	2
5	3	2	7	9	8	6	1	4
8	1	9	6	2	4	5	7	3
1	4	3	2	8	5	9	6	7
6	9	7	3	4	1	2	5	8
2	5	8	9	6	7	3	4	1
4	7	5	8	3	9	1	2	6
3	2	1	4	5	6	7	8	9
9	8	6	1	7	2	4	3	5

PUZZLE # - 178
Intermediate

3	5	1	6	8	7	2	4	9
9	4	6	1	2	5	7	8	3
7	8	2	9	3	4	1	6	5
2	9	4	3	1	8	6	5	7
6	7	3	4	5	2	8	9	1
8	1	5	7	6	9	4	3	2
5	6	7	2	4	3	9	1	8
4	2	8	5	9	1	3	7	6
1	3	9	8	7	6	5	2	4

PUZZLE # - 179
Intermediate

5	4	7	2	6	1	8	9	3
1	6	8	7	3	9	2	4	5
3	2	9	4	5	8	7	1	6
4	1	5	9	7	3	6	2	8
7	8	2	1	4	6	3	5	9
6	9	3	5	8	2	1	7	4
2	5	6	3	1	4	9	8	7
8	7	1	6	9	5	4	3	2
9	3	4	8	2	7	5	6	1

PUZZLE # - 180
Intermediate

2	6	8	7	1	9	3	5	4
3	9	1	4	6	5	7	2	8
5	7	4	2	3	8	6	1	9
4	3	6	5	2	1	8	9	7
8	1	7	9	4	6	5	3	2
9	2	5	3	8	7	4	6	1
1	5	2	8	7	3	9	4	6
7	4	3	6	9	2	1	8	5
6	8	9	1	5	4	2	7	3

PUZZLE # - 181
Intermediate

8	6	2	3	5	1	9	4	7
4	1	3	7	9	2	6	5	8
5	9	7	6	4	8	3	2	1
1	4	6	9	3	7	5	8	2
9	3	5	8	2	4	1	7	6
7	2	8	1	6	5	4	3	9
6	5	1	2	8	3	7	9	4
3	8	9	4	7	6	2	1	5
2	7	4	5	1	9	8	6	3

PUZZLE # - 182
Intermediate

3	4	1	8	6	2	7	9	5
8	9	2	5	7	1	4	3	6
5	7	6	4	9	3	1	2	8
7	6	8	2	5	9	3	4	1
4	5	3	6	1	7	2	8	9
2	1	9	3	4	8	6	5	7
1	3	5	9	2	6	8	7	4
6	8	4	7	3	5	9	1	2
9	2	7	1	8	4	5	6	3

PUZZLE # - 183
Intermediate

6	1	2	9	4	5	7	3	8
4	7	8	6	3	1	9	2	5
3	5	9	7	2	8	4	1	6
8	9	6	5	7	2	3	4	1
7	4	1	3	9	6	5	8	2
5	2	3	1	8	4	6	7	9
1	8	5	4	6	7	2	9	3
2	3	7	8	5	9	1	6	4
9	6	4	2	1	3	8	5	7

PUZZLE # - 184
Intermediate

1	5	7	6	9	3	2	4	8
3	6	2	8	4	1	7	5	9
9	4	8	2	5	7	1	3	6
4	9	5	3	1	6	8	2	7
6	2	3	4	7	8	9	1	5
8	7	1	9	2	5	3	6	4
5	1	6	7	3	9	4	8	2
2	3	9	5	8	4	6	7	1
7	8	4	1	6	2	5	9	3

PUZZLE # - 185
Intermediate

4	7	6	1	5	9	8	3	2
3	8	9	6	7	2	4	5	1
1	5	2	8	3	4	6	9	7
2	9	3	5	6	7	1	8	4
6	1	8	2	4	3	5	7	9
7	4	5	9	1	8	3	2	6
8	2	4	3	9	1	7	6	5
9	6	1	7	8	5	2	4	3
5	3	7	4	2	6	9	1	8

PUZZLE # - 186
Intermediate

6	1	5	9	8	7	3	2	4
8	9	2	5	4	3	6	7	1
4	3	7	6	2	1	5	9	8
3	4	8	7	6	2	1	5	9
7	5	1	8	9	4	2	6	3
9	2	6	1	3	5	4	8	7
5	6	3	4	7	9	8	1	2
2	8	9	3	1	6	7	4	5
1	7	4	2	5	8	9	3	6

PUZZLE # - 187
Intermediate

2	8	4	7	3	9	1	6	5
6	9	1	8	4	5	7	2	3
3	5	7	2	6	1	8	9	4
5	6	8	9	2	7	3	4	1
1	4	2	5	8	3	9	7	6
7	3	9	6	1	4	2	5	8
9	2	6	1	5	8	4	3	7
8	7	3	4	9	6	5	1	2
4	1	5	3	7	2	6	8	9

PUZZLE # - 188
Intermediate

2	8	7	5	9	1	6	4	3
4	9	6	7	3	2	5	8	1
1	5	3	6	8	4	2	7	9
8	6	5	1	4	9	7	3	2
9	3	1	2	5	7	4	6	8
7	4	2	8	6	3	9	1	5
6	2	4	3	1	5	8	9	7
5	1	8	9	7	6	3	2	4
3	7	9	4	2	8	1	5	6

PUZZLE # - 189
Intermediate

1	8	2	4	9	7	3	6	5
6	3	5	8	1	2	9	4	7
4	7	9	6	3	5	8	1	2
2	5	3	9	8	1	4	7	6
7	4	1	3	5	6	2	9	8
9	6	8	2	7	4	5	3	1
8	1	6	5	4	9	7	2	3
5	2	4	7	6	3	1	8	9
3	9	7	1	2	8	6	5	4

PUZZLE # - 190
Intermediate

9	5	1	2	3	7	8	4	6
3	4	7	8	9	6	5	2	1
8	2	6	4	5	1	3	7	9
6	3	2	5	1	8	4	9	7
4	1	8	9	7	2	6	3	5
5	7	9	3	6	4	1	8	2
7	8	3	1	2	5	9	6	4
2	9	5	6	4	3	7	1	8
1	6	4	7	8	9	2	5	3

PUZZLE # - 191
Intermediate

3	2	4	6	1	7	9	5	8
5	9	6	3	8	2	4	7	1
7	1	8	9	4	5	6	3	2
1	6	3	5	2	8	7	9	4
9	7	5	4	3	1	8	2	6
4	8	2	7	9	6	3	1	5
8	4	7	2	5	3	1	6	9
6	5	9	1	7	4	2	8	3
2	3	1	8	6	9	5	4	7

PUZZLE # - 192
Intermediate

1	8	9	5	2	6	3	4	7
4	5	7	3	8	1	2	9	6
2	6	3	7	4	9	5	1	8
5	2	8	4	1	3	6	7	9
9	3	1	2	6	7	8	5	4
6	7	4	9	5	8	1	2	3
8	4	5	6	7	2	9	3	1
3	1	2	8	9	4	7	6	5
7	9	6	1	3	5	4	8	2

PUZZLE # - 193
Intermediate

6	3	5	8	1	4	2	7	9
7	4	2	3	6	9	1	5	8
8	1	9	5	7	2	4	6	3
1	6	7	2	3	5	9	8	4
4	9	3	7	8	6	5	2	1
2	5	8	9	4	1	7	3	6
9	7	6	1	5	3	8	4	2
3	8	1	4	2	7	6	9	5
5	2	4	6	9	8	3	1	7

PUZZLE # - 194
Intermediate

9	3	2	1	5	4	6	8	7
8	1	7	9	3	6	4	5	2
4	5	6	2	8	7	9	3	1
6	2	5	3	4	8	7	1	9
1	4	9	7	2	5	8	6	3
7	8	3	6	1	9	2	4	5
3	6	8	5	7	2	1	9	4
2	9	1	4	6	3	5	7	8
5	7	4	8	9	1	3	2	6

PUZZLE # - 195
Intermediate

6	4	9	3	1	8	5	7	2
1	3	2	6	5	7	9	8	4
8	7	5	9	2	4	1	6	3
5	1	4	7	3	9	8	2	6
9	8	3	5	6	2	4	1	7
2	6	7	8	4	1	3	5	9
3	2	1	4	8	6	7	9	5
4	9	8	2	7	5	6	3	1
7	5	6	1	9	3	2	4	8

PUZZLE # - 196
Intermediate

5	8	4	1	9	3	6	2	7
2	3	6	8	4	7	1	9	5
1	7	9	6	5	2	4	8	3
6	9	3	5	8	1	2	7	4
7	5	1	9	2	4	8	3	6
4	2	8	7	3	6	9	5	1
9	6	2	3	1	5	7	4	8
3	4	7	2	6	8	5	1	9
8	1	5	4	7	9	3	6	2

PUZZLE # - 197
Intermediate

2	7	5	4	3	6	1	9	8
9	4	3	8	1	5	2	7	6
1	8	6	9	7	2	4	5	3
7	3	1	6	8	4	5	2	9
6	5	9	1	2	3	8	4	7
4	2	8	7	5	9	3	6	1
3	1	2	5	6	7	9	8	4
8	6	4	2	9	1	7	3	5
5	9	7	3	4	8	6	1	2

PUZZLE # - 198
Intermediate

9	4	5	8	6	2	7	1	3
2	7	1	4	3	9	5	6	8
8	6	3	1	5	7	4	9	2
4	2	6	7	9	5	3	8	1
7	1	8	3	2	4	6	5	9
3	5	9	6	8	1	2	4	7
6	9	7	5	1	3	8	2	4
5	3	2	9	4	8	1	7	6
1	8	4	2	7	6	9	3	5

PUZZLE # - 199
Intermediate

7	3	5	2	8	6	1	4	9
9	1	2	3	7	4	6	5	8
6	4	8	5	9	1	2	3	7
3	5	4	7	6	9	8	1	2
8	9	1	4	3	2	5	7	6
2	7	6	8	1	5	3	9	4
5	2	3	6	4	7	9	8	1
1	8	7	9	2	3	4	6	5
4	6	9	1	5	8	7	2	3

PUZZLE # - 200
Intermediate

6	2	3	5	1	4	8	9	7
9	4	8	3	6	7	2	1	5
5	1	7	2	8	9	4	6	3
8	3	5	1	4	6	7	2	9
4	6	1	9	7	2	5	3	8
7	9	2	8	5	3	1	4	6
1	8	6	4	9	5	3	7	2
2	7	4	6	3	8	9	5	1
3	5	9	7	2	1	6	8	4

PUZZLE # - 201
Difficult

8	5	9	1	7	4	3	2	6
7	6	3	2	9	5	1	4	8
1	4	2	8	3	6	5	9	7
3	8	1	9	2	7	4	6	5
5	2	6	3	4	1	8	7	9
4	9	7	5	6	8	2	3	1
2	7	8	6	1	3	9	5	4
6	3	5	4	8	9	7	1	2
9	1	4	7	5	2	6	8	3

PUZZLE # - 202
Difficult

8	2	7	1	9	4	3	5	6
6	9	3	7	8	5	2	4	1
1	5	4	3	2	6	8	9	7
3	7	6	5	4	9	1	2	8
5	1	8	6	7	2	9	3	4
9	4	2	8	1	3	6	7	5
2	8	5	9	6	7	4	1	3
7	6	9	4	3	1	5	8	2
4	3	1	2	5	8	7	6	9

PUZZLE # - 203
Difficult

1	2	7	8	3	5	6	4	9
8	6	4	9	7	1	2	5	3
5	9	3	4	6	2	7	8	1
2	7	9	5	1	3	4	6	8
6	8	1	2	4	7	9	3	5
3	4	5	6	8	9	1	2	7
4	1	2	3	9	8	5	7	6
7	3	6	1	5	4	8	9	2
9	5	8	7	2	6	3	1	4

PUZZLE # - 204
Difficult

4	5	8	1	9	6	3	7	2
1	9	2	3	7	5	4	6	8
7	3	6	8	4	2	9	1	5
6	7	4	5	8	1	2	9	3
5	1	9	4	2	3	6	8	7
2	8	3	9	6	7	1	5	4
8	2	7	6	3	9	5	4	1
3	6	1	7	5	4	8	2	9
9	4	5	2	1	8	7	3	6

PUZZLE # - 205
Difficult

3	6	8	4	5	9	7	2	1
9	5	4	7	1	2	8	3	6
1	7	2	6	3	8	5	4	9
5	1	7	2	8	4	6	9	3
8	3	6	5	9	1	2	7	4
2	4	9	3	6	7	1	8	5
4	9	5	8	7	6	3	1	2
6	8	1	9	2	3	4	5	7
7	2	3	1	4	5	9	6	8

PUZZLE # - 206
Difficult

4	5	9	8	1	2	6	7	3
1	2	8	6	3	7	9	4	5
6	3	7	5	9	4	8	1	2
9	4	5	3	8	1	2	6	7
2	8	1	9	7	6	5	3	4
7	6	3	4	2	5	1	8	9
3	9	4	1	5	8	7	2	6
5	1	2	7	6	3	4	9	8
8	7	6	2	4	9	3	5	1

PUZZLE # - 207
Difficult

1	5	7	9	6	2	8	3	4
8	6	9	3	7	4	2	1	5
4	3	2	5	1	8	7	6	9
5	7	4	2	8	3	6	9	1
3	1	8	4	9	6	5	7	2
9	2	6	1	5	7	4	8	3
2	8	1	7	4	9	3	5	6
6	9	3	8	2	5	1	4	7
7	4	5	6	3	1	9	2	8

PUZZLE # - 208
Difficult

6	9	1	3	7	8	2	5	4
4	7	8	6	2	5	3	1	9
3	2	5	1	9	4	8	6	7
1	8	9	7	3	6	4	2	5
7	3	4	2	5	1	9	8	6
5	6	2	4	8	9	7	3	1
2	5	3	9	6	7	1	4	8
8	1	7	5	4	2	6	9	3
9	4	6	8	1	3	5	7	2

PUZZLE # - 209
Difficult

9	4	6	8	3	2	1	5	7
7	2	3	6	1	5	8	4	9
1	5	8	9	4	7	3	2	6
6	9	4	2	8	3	7	1	5
3	7	1	4	5	9	6	8	2
5	8	2	1	7	6	9	3	4
8	6	5	7	2	1	4	9	3
2	1	7	3	9	4	5	6	8
4	3	9	5	6	8	2	7	1

PUZZLE # - 210
Difficult

9	1	3	5	2	6	7	8	4
2	5	4	8	3	7	1	6	9
7	6	8	1	9	4	3	2	5
1	8	9	4	7	3	6	5	2
6	4	5	9	1	2	8	3	7
3	7	2	6	8	5	9	4	1
8	9	6	2	5	1	4	7	3
5	3	1	7	4	8	2	9	6
4	2	7	3	6	9	5	1	8

PUZZLE # - 211
Difficult

6	2	5	8	9	7	4	1	3
9	4	3	5	6	1	2	7	8
7	8	1	4	3	2	6	5	9
3	5	9	2	1	4	8	6	7
4	1	6	7	8	9	3	2	5
8	7	2	6	5	3	1	9	4
1	6	8	3	7	5	9	4	2
5	9	4	1	2	8	7	3	6
2	3	7	9	4	6	5	8	1

PUZZLE # - 212
Difficult

7	9	1	6	5	2	8	4	3
6	5	8	7	3	4	2	9	1
4	2	3	9	8	1	6	7	5
8	1	4	3	7	5	9	6	2
3	7	2	4	9	6	1	5	8
9	6	5	1	2	8	7	3	4
5	3	9	8	1	7	4	2	6
2	8	6	5	4	9	3	1	7
1	4	7	2	6	3	5	8	9

PUZZLE # - 213
Difficult

9	1	2	5	6	3	8	7	4
6	4	7	1	2	8	9	3	5
3	5	8	9	4	7	2	6	1
5	9	6	2	8	4	3	1	7
7	2	4	3	1	9	5	8	6
1	8	3	6	7	5	4	2	9
4	7	5	8	3	6	1	9	2
2	3	9	7	5	1	6	4	8
8	6	1	4	9	2	7	5	3

PUZZLE # - 214
Difficult

4	7	2	6	1	5	3	8	9
1	6	3	4	8	9	5	7	2
5	9	8	7	3	2	1	6	4
3	5	6	9	2	8	7	4	1
7	4	1	3	5	6	2	9	8
8	2	9	1	4	7	6	5	3
6	1	5	8	9	3	4	2	7
2	8	4	5	7	1	9	3	6
9	3	7	2	6	4	8	1	5

PUZZLE # - 215
Difficult

9	1	7	6	3	8	2	4	5
3	5	4	1	7	2	8	6	9
6	8	2	4	9	5	7	3	1
5	7	9	2	6	1	4	8	3
4	2	6	8	5	3	9	1	7
8	3	1	9	4	7	5	2	6
2	4	5	3	1	9	6	7	8
1	9	8	7	2	6	3	5	4
7	6	3	5	8	4	1	9	2

PUZZLE # - 216
Difficult

1	4	7	6	2	8	9	5	3
9	8	5	7	1	3	6	2	4
6	2	3	4	5	9	7	1	8
3	1	4	5	9	7	2	8	6
8	7	9	1	6	2	4	3	5
5	6	2	8	3	4	1	9	7
7	9	8	2	4	5	3	6	1
4	3	6	9	8	1	5	7	2
2	5	1	3	7	6	8	4	9

PUZZLE # - 217
Difficult

1	8	6	4	5	9	2	7	3
9	2	4	8	7	3	6	5	1
7	5	3	6	1	2	9	8	4
2	6	7	3	4	8	1	9	5
4	3	8	1	9	5	7	6	2
5	9	1	7	2	6	3	4	8
6	1	9	2	8	4	5	3	7
8	7	5	9	3	1	4	2	6
3	4	2	5	6	7	8	1	9

PUZZLE # - 218
Difficult

4	3	5	2	7	6	8	1	9
8	1	6	5	4	9	7	2	3
9	7	2	3	8	1	6	5	4
1	8	7	4	6	2	9	3	5
5	6	9	8	1	3	4	7	2
2	4	3	9	5	7	1	8	6
6	9	1	7	3	5	2	4	8
7	5	8	6	2	4	3	9	1
3	2	4	1	9	8	5	6	7

PUZZLE # - 219
Difficult

5	7	6	9	1	8	3	2	4
2	1	3	4	7	6	5	9	8
4	8	9	3	5	2	7	6	1
8	5	4	6	2	1	9	3	7
3	6	2	8	9	7	1	4	5
7	9	1	5	4	3	6	8	2
9	2	7	1	6	4	8	5	3
1	3	5	2	8	9	4	7	6
6	4	8	7	3	5	2	1	9

PUZZLE # - 220
Difficult

8	3	5	7	2	1	9	6	4
7	2	4	3	9	6	5	1	8
9	1	6	5	8	4	2	7	3
2	8	1	6	3	5	4	9	7
4	5	9	8	1	7	3	2	6
3	6	7	9	4	2	8	5	1
6	9	3	2	7	8	1	4	5
5	4	8	1	6	9	7	3	2
1	7	2	4	5	3	6	8	9

PUZZLE # - 221
Difficult

7	9	3	6	1	5	2	4	8
6	4	1	9	8	2	7	5	3
2	8	5	4	7	3	9	6	1
3	7	9	5	2	1	4	8	6
8	2	6	7	3	4	1	9	5
5	1	4	8	9	6	3	7	2
4	3	7	1	5	8	6	2	9
1	6	8	2	4	9	5	3	7
9	5	2	3	6	7	8	1	4

PUZZLE # - 222
Difficult

7	2	3	4	9	6	1	8	5
5	9	6	8	7	1	4	2	3
1	8	4	5	3	2	9	6	7
8	1	7	2	4	3	5	9	6
6	3	5	7	1	9	2	4	8
2	4	9	6	8	5	3	7	1
4	6	2	3	5	7	8	1	9
3	7	1	9	2	8	6	5	4
9	5	8	1	6	4	7	3	2

PUZZLE # - 223
Difficult

3	5	8	4	6	1	7	2	9
4	6	7	2	5	9	8	3	1
1	9	2	7	3	8	5	6	4
6	4	9	1	8	2	3	5	7
2	8	1	5	7	3	9	4	6
5	7	3	6	9	4	2	1	8
7	3	6	8	4	5	1	9	2
9	1	4	3	2	7	6	8	5
8	2	5	9	1	6	4	7	3

PUZZLE # - 224
Difficult

8	9	6	5	2	4	7	3	1
7	2	1	3	6	9	4	8	5
5	3	4	8	7	1	2	9	6
3	1	5	2	4	7	8	6	9
6	4	7	9	3	8	1	5	2
2	8	9	6	1	5	3	4	7
9	7	8	1	5	3	6	2	4
1	6	3	4	9	2	5	7	8
4	5	2	7	8	6	9	1	3

PUZZLE # - 225
Difficult

1	4	5	8	7	6	9	3	2
3	9	6	2	5	1	8	4	7
7	2	8	3	9	4	5	1	6
8	1	7	9	4	2	3	6	5
9	5	2	7	6	3	4	8	1
4	6	3	1	8	5	7	2	9
2	7	4	5	1	8	6	9	3
6	3	9	4	2	7	1	5	8
5	8	1	6	3	9	2	7	4

PUZZLE # - 226
Difficult

9	3	7	2	6	8	1	4	5
5	2	4	3	1	9	8	6	7
8	6	1	4	7	5	3	9	2
6	8	2	7	5	1	9	3	4
3	7	5	9	4	6	2	8	1
1	4	9	8	3	2	5	7	6
2	5	3	6	9	7	4	1	8
4	1	6	5	8	3	7	2	9
7	9	8	1	2	4	6	5	3

PUZZLE # - 227
Difficult

2	3	5	7	9	1	4	8	6
8	9	7	3	4	6	5	2	1
4	6	1	5	2	8	9	7	3
7	8	2	6	1	4	3	9	5
9	5	4	8	3	7	1	6	2
3	1	6	9	5	2	7	4	8
6	7	9	1	8	3	2	5	4
5	2	3	4	6	9	8	1	7
1	4	8	2	7	5	6	3	9

PUZZLE # - 228
Difficult

1	6	3	4	8	5	7	2	9
8	5	7	2	1	9	3	6	4
2	4	9	7	3	6	1	5	8
3	8	4	6	9	2	5	7	1
5	1	6	3	7	8	4	9	2
9	7	2	1	5	4	6	8	3
4	9	8	5	6	1	2	3	7
6	3	1	9	2	7	8	4	5
7	2	5	8	4	3	9	1	6

PUZZLE # - 229
Difficult

2	6	3	5	9	8	4	1	7
5	8	9	4	1	7	3	6	2
4	1	7	3	2	6	8	9	5
8	5	2	9	7	4	6	3	1
7	3	4	1	6	5	9	2	8
6	9	1	8	3	2	7	5	4
3	4	6	2	8	1	5	7	9
1	7	8	6	5	9	2	4	3
9	2	5	7	4	3	1	8	6

PUZZLE # - 230
Difficult

1	4	8	2	7	5	3	6	9
6	2	7	8	3	9	1	4	5
5	9	3	4	1	6	8	7	2
3	8	1	7	6	2	5	9	4
2	6	5	3	9	4	7	8	1
9	7	4	5	8	1	2	3	6
8	1	2	9	4	3	6	5	7
4	3	6	1	5	7	9	2	8
7	5	9	6	2	8	4	1	3

PUZZLE # - 231
Difficult

1	9	8	6	7	3	5	2	4
2	3	4	9	1	5	6	7	8
7	6	5	8	2	4	3	1	9
9	4	7	3	8	6	2	5	1
5	8	3	1	9	2	4	6	7
6	1	2	4	5	7	8	9	3
8	7	6	5	4	1	9	3	2
4	5	1	2	3	9	7	8	6
3	2	9	7	6	8	1	4	5

PUZZLE # - 232
Difficult

6	5	3	4	9	2	7	1	8
4	8	9	7	1	6	3	2	5
2	1	7	5	3	8	9	6	4
3	4	1	8	2	7	5	9	6
9	2	8	3	6	5	1	4	7
5	7	6	9	4	1	8	3	2
7	9	2	1	5	4	6	8	3
8	3	4	6	7	9	2	5	1
1	6	5	2	8	3	4	7	9

PUZZLE # - 233
Difficult

9	2	8	5	1	3	4	7	6
4	1	3	6	8	7	2	5	9
6	7	5	2	9	4	1	8	3
5	3	7	4	6	8	9	1	2
2	8	6	1	5	9	7	3	4
1	4	9	7	3	2	5	6	8
3	5	2	8	4	1	6	9	7
7	9	1	3	2	6	8	4	5
8	6	4	9	7	5	3	2	1

PUZZLE # - 234
Difficult

8	3	2	1	6	4	7	5	9
1	7	4	9	2	5	3	8	6
6	9	5	7	8	3	2	1	4
9	1	8	3	5	6	4	2	7
4	2	3	8	7	9	1	6	5
5	6	7	4	1	2	8	9	3
2	4	6	5	3	1	9	7	8
3	8	1	6	9	7	5	4	2
7	5	9	2	4	8	6	3	1

PUZZLE # - 235
Difficult

1	4	5	2	3	6	9	7	8
8	6	3	1	9	7	4	5	2
7	2	9	4	8	5	6	1	3
6	8	4	7	5	1	2	3	9
5	7	2	3	4	9	1	8	6
9	3	1	8	6	2	7	4	5
3	1	6	5	2	4	8	9	7
4	9	8	6	7	3	5	2	1
2	5	7	9	1	8	3	6	4

PUZZLE # - 236
Difficult

1	2	3	4	7	8	6	9	5
4	8	7	5	6	9	1	2	3
6	9	5	2	3	1	4	8	7
8	5	6	1	9	7	3	4	2
9	7	1	3	2	4	5	6	8
2	3	4	8	5	6	7	1	9
3	4	8	9	1	5	2	7	6
7	1	2	6	8	3	9	5	4
5	6	9	7	4	2	8	3	1

PUZZLE # - 237
Difficult

5	2	8	4	6	3	7	1	9
3	7	4	5	1	9	8	2	6
6	9	1	2	8	7	5	3	4
1	5	6	8	4	2	3	9	7
9	3	2	1	7	6	4	8	5
4	8	7	3	9	5	1	6	2
8	1	5	6	2	4	9	7	3
7	6	3	9	5	1	2	4	8
2	4	9	7	3	8	6	5	1

PUZZLE # - 238
Difficult

8	3	5	7	4	1	9	2	6
9	4	7	6	2	5	8	3	1
1	6	2	9	8	3	5	4	7
4	8	1	3	7	2	6	5	9
2	7	9	5	6	8	4	1	3
6	5	3	4	1	9	7	8	2
5	2	4	1	9	7	3	6	8
7	1	6	8	3	4	2	9	5
3	9	8	2	5	6	1	7	4

PUZZLE # - 239
Difficult

4	5	3	8	1	9	6	2	7
8	2	9	5	6	7	1	3	4
7	1	6	4	3	2	8	5	9
9	7	1	3	4	6	2	8	5
2	4	8	7	5	1	3	9	6
3	6	5	2	9	8	7	4	1
6	3	2	9	7	4	5	1	8
1	8	4	6	2	5	9	7	3
5	9	7	1	8	3	4	6	2

PUZZLE # - 240
Difficult

4	8	9	2	1	6	3	7	5
5	6	3	4	9	7	2	1	8
1	2	7	8	3	5	4	9	6
8	9	4	5	6	3	7	2	1
7	1	6	9	4	2	8	5	3
3	5	2	7	8	1	6	4	9
2	4	8	6	5	9	1	3	7
6	3	5	1	7	4	9	8	2
9	7	1	3	2	8	5	6	4

PUZZLE # - 241
Difficult

7	3	9	8	5	2	6	4	1
1	6	2	7	4	3	5	9	8
8	4	5	1	6	9	3	7	2
5	8	3	4	7	6	1	2	9
4	7	6	2	9	1	8	5	3
2	9	1	3	8	5	7	6	4
6	2	4	5	3	8	9	1	7
3	5	7	9	1	4	2	8	6
9	1	8	6	2	7	4	3	5

PUZZLE # - 242
Difficult

1	7	8	2	4	6	3	5	9
5	9	6	7	1	3	8	2	4
2	4	3	9	8	5	7	6	1
8	5	2	3	9	1	4	7	6
3	1	4	8	6	7	5	9	2
9	6	7	5	2	4	1	8	3
7	2	5	4	3	9	6	1	8
4	8	1	6	5	2	9	3	7
6	3	9	1	7	8	2	4	5

PUZZLE # - 243
Difficult

5	2	6	3	4	7	1	8	9
9	7	4	2	1	8	6	3	5
3	1	8	9	5	6	4	2	7
6	3	5	8	7	2	9	1	4
1	9	7	6	3	4	8	5	2
8	4	2	5	9	1	7	6	3
2	6	3	4	8	9	5	7	1
7	8	9	1	2	5	3	4	6
4	5	1	7	6	3	2	9	8

PUZZLE # - 244
Difficult

5	6	7	9	3	2	8	4	1
2	9	1	6	4	8	3	5	7
3	8	4	1	5	7	2	9	6
6	1	8	3	2	9	4	7	5
9	2	3	5	7	4	1	6	8
4	7	5	8	1	6	9	2	3
7	4	6	2	8	1	5	3	9
8	3	2	7	9	5	6	1	4
1	5	9	4	6	3	7	8	2

PUZZLE # - 245
Difficult

5	3	2	1	4	8	7	6	9
1	7	9	2	6	3	5	4	8
8	6	4	7	5	9	1	2	3
7	5	6	9	8	1	4	3	2
4	8	3	6	7	2	9	1	5
2	9	1	4	3	5	8	7	6
3	1	8	5	2	4	6	9	7
6	4	5	3	9	7	2	8	1
9	2	7	8	1	6	3	5	4

PUZZLE # - 246
Difficult

2	5	9	6	8	7	1	4	3
7	1	3	5	2	4	9	6	8
4	8	6	1	3	9	5	7	2
6	2	5	4	7	3	8	1	9
9	4	7	8	1	5	3	2	6
8	3	1	9	6	2	4	5	7
5	7	8	2	9	1	6	3	4
1	6	2	3	4	8	7	9	5
3	9	4	7	5	6	2	8	1

PUZZLE # - 247
Difficult

7	1	9	6	8	4	3	2	5
8	2	3	7	9	5	1	4	6
6	4	5	3	2	1	8	7	9
2	3	6	9	7	8	5	1	4
5	7	8	1	4	2	6	9	3
1	9	4	5	6	3	7	8	2
3	8	2	4	1	6	9	5	7
4	6	7	8	5	9	2	3	1
9	5	1	2	3	7	4	6	8

PUZZLE # - 248
Difficult

8	4	5	7	6	3	1	2	9
9	3	7	5	1	2	6	8	4
6	2	1	4	8	9	7	5	3
2	1	9	8	7	4	5	3	6
5	7	3	9	2	6	8	4	1
4	8	6	1	3	5	9	7	2
3	5	2	6	9	8	4	1	7
1	9	8	2	4	7	3	6	5
7	6	4	3	5	1	2	9	8

PUZZLE # - 249

Difficult

3	2	5	4	8	7	1	9	6
1	9	8	6	5	3	4	2	7
7	4	6	9	1	2	3	5	8
8	3	1	2	9	6	5	7	4
5	7	4	1	3	8	2	6	9
2	6	9	7	4	5	8	1	3
9	8	3	5	7	1	6	4	2
4	5	2	3	6	9	7	8	1
6	1	7	8	2	4	9	3	5

PUZZLE # - 250

Difficult

4	6	9	3	5	2	7	1	8
5	1	3	9	7	8	6	2	4
8	2	7	6	4	1	3	9	5
1	7	4	8	3	9	2	5	6
6	9	8	1	2	5	4	3	7
2	3	5	4	6	7	9	8	1
3	4	1	5	9	6	8	7	2
7	8	6	2	1	3	5	4	9
9	5	2	7	8	4	1	6	3

PUZZLE # - 251

Difficult

4	5	7	3	8	1	6	9	2
2	8	9	5	4	6	7	3	1
6	3	1	7	9	2	5	4	8
9	1	2	6	5	3	8	7	4
7	6	3	4	1	8	9	2	5
8	4	5	2	7	9	3	1	6
3	9	6	8	2	4	1	5	7
1	7	4	9	6	5	2	8	3
5	2	8	1	3	7	4	6	9

PUZZLE # - 252

Difficult

8	9	5	1	6	3	7	4	2
3	4	2	5	9	7	8	1	6
1	7	6	8	4	2	9	5	3
5	2	8	3	1	4	6	9	7
7	1	3	6	8	9	5	2	4
9	6	4	2	7	5	1	3	8
4	5	7	9	2	6	3	8	1
2	3	1	7	5	8	4	6	9
6	8	9	4	3	1	2	7	5

PUZZLE # - 253
Difficult

6	4	2	7	1	3	9	5	8
8	3	5	2	4	9	1	7	6
9	1	7	5	6	8	2	3	4
2	6	3	4	8	5	7	1	9
4	7	8	3	9	1	5	6	2
1	5	9	6	2	7	4	8	3
5	2	4	1	3	6	8	9	7
3	8	1	9	7	2	6	4	5
7	9	6	8	5	4	3	2	1

PUZZLE # - 254
Difficult

7	9	8	2	6	4	3	5	1
5	3	4	8	1	7	6	9	2
1	6	2	5	3	9	8	7	4
2	5	6	1	4	8	7	3	9
4	1	7	3	9	6	5	2	8
3	8	9	7	2	5	1	4	6
9	2	5	6	8	3	4	1	7
8	4	3	9	7	1	2	6	5
6	7	1	4	5	2	9	8	3

PUZZLE # - 255
Difficult

4	8	1	5	3	6	2	9	7
2	3	6	9	7	8	5	4	1
7	5	9	1	4	2	8	6	3
8	1	4	6	2	3	9	7	5
9	2	5	8	1	7	4	3	6
3	6	7	4	5	9	1	2	8
6	7	8	2	9	5	3	1	4
1	9	3	7	8	4	6	5	2
5	4	2	3	6	1	7	8	9

PUZZLE # - 256
Difficult

9	2	3	8	1	4	5	7	6
7	5	1	3	6	2	8	9	4
4	8	6	7	9	5	1	2	3
6	9	8	2	5	1	3	4	7
2	4	5	6	3	7	9	1	8
3	1	7	4	8	9	6	5	2
8	7	9	1	4	6	2	3	5
1	6	2	5	7	3	4	8	9
5	3	4	9	2	8	7	6	1

PUZZLE # - 257
Difficult

6	2	4	3	9	1	7	8	5
3	7	1	8	6	5	4	2	9
8	9	5	7	4	2	3	6	1
7	5	2	6	1	9	8	3	4
9	4	8	5	7	3	2	1	6
1	3	6	2	8	4	9	5	7
5	1	7	9	3	8	6	4	2
2	8	9	4	5	6	1	7	3
4	6	3	1	2	7	5	9	8

PUZZLE # - 258
Difficult

4	2	7	8	1	6	5	3	9
1	9	5	4	3	7	8	2	6
6	3	8	5	9	2	1	4	7
2	5	1	6	4	3	9	7	8
8	7	4	2	5	9	6	1	3
9	6	3	1	7	8	4	5	2
3	4	9	7	8	1	2	6	5
7	1	6	9	2	5	3	8	4
5	8	2	3	6	4	7	9	1

PUZZLE # - 259
Difficult

7	4	2	5	6	3	1	8	9
5	9	3	2	8	1	6	7	4
1	6	8	7	4	9	3	2	5
6	2	5	3	1	8	9	4	7
8	7	1	4	9	2	5	6	3
4	3	9	6	7	5	2	1	8
9	5	6	8	2	4	7	3	1
3	8	7	1	5	6	4	9	2
2	1	4	9	3	7	8	5	6

PUZZLE # - 260
Difficult

5	4	9	2	1	7	6	3	8
6	3	1	4	9	8	2	7	5
7	2	8	5	3	6	1	4	9
3	1	4	6	2	9	5	8	7
8	5	7	3	4	1	9	6	2
9	6	2	7	8	5	4	1	3
1	7	6	9	5	3	8	2	4
2	8	5	1	7	4	3	9	6
4	9	3	8	6	2	7	5	1

PUZZLE # - 261
Difficult

4	7	6	1	5	9	3	2	8
2	8	3	4	7	6	9	1	5
9	1	5	2	3	8	4	6	7
8	5	1	3	6	7	2	4	9
3	2	9	5	4	1	8	7	6
7	6	4	9	8	2	1	5	3
6	9	8	7	2	4	5	3	1
1	3	2	6	9	5	7	8	4
5	4	7	8	1	3	6	9	2

PUZZLE # - 262
Difficult

2	4	7	3	9	1	6	8	5
9	3	6	8	2	5	7	1	4
1	8	5	7	6	4	9	3	2
3	5	2	4	8	6	1	7	9
6	1	4	9	7	2	8	5	3
8	7	9	5	1	3	2	4	6
4	2	1	6	3	8	5	9	7
7	6	3	1	5	9	4	2	8
5	9	8	2	4	7	3	6	1

PUZZLE # - 263
Difficult

2	9	7	1	5	6	4	8	3
6	4	8	3	2	9	1	7	5
3	1	5	4	8	7	2	9	6
4	6	3	2	9	5	7	1	8
5	8	1	6	7	4	9	3	2
9	7	2	8	1	3	6	5	4
8	3	4	7	6	1	5	2	9
7	2	9	5	4	8	3	6	1
1	5	6	9	3	2	8	4	7

PUZZLE # - 264
Difficult

4	1	2	5	7	9	8	3	6
9	5	8	3	6	1	2	4	7
6	3	7	4	8	2	5	1	9
1	7	9	2	5	4	6	8	3
8	4	3	1	9	6	7	5	2
2	6	5	7	3	8	4	9	1
3	8	1	6	4	7	9	2	5
5	9	6	8	2	3	1	7	4
7	2	4	9	1	5	3	6	8

PUZZLE # - 265
Difficult

8	5	1	9	6	4	7	3	2
6	9	7	5	2	3	4	8	1
4	3	2	8	1	7	5	9	6
9	7	5	3	8	2	1	6	4
2	6	4	7	9	1	8	5	3
3	1	8	4	5	6	9	2	7
5	4	3	6	7	9	2	1	8
1	8	6	2	4	5	3	7	9
7	2	9	1	3	8	6	4	5

PUZZLE # - 266
Difficult

9	1	3	8	4	6	5	7	2
4	7	2	5	1	3	9	8	6
5	8	6	2	7	9	4	3	1
7	3	1	6	5	8	2	4	9
6	9	8	4	3	2	7	1	5
2	5	4	7	9	1	8	6	3
3	6	7	9	2	4	1	5	8
1	2	5	3	8	7	6	9	4
8	4	9	1	6	5	3	2	7

PUZZLE # - 267
Difficult

8	4	1	3	6	2	7	5	9
7	6	2	5	9	8	3	4	1
5	3	9	1	4	7	2	6	8
6	9	8	7	2	5	1	3	4
2	5	7	4	3	1	9	8	6
3	1	4	9	8	6	5	2	7
4	8	5	2	1	9	6	7	3
1	7	6	8	5	3	4	9	2
9	2	3	6	7	4	8	1	5

PUZZLE # - 268
Difficult

6	5	1	3	4	9	2	7	8
4	8	7	1	2	5	9	6	3
9	3	2	7	8	6	5	1	4
7	1	6	2	5	8	4	3	9
5	9	3	4	7	1	8	2	6
8	2	4	9	6	3	7	5	1
1	4	5	8	3	7	6	9	2
2	6	9	5	1	4	3	8	7
3	7	8	6	9	2	1	4	5

PUZZLE # - 269
Difficult

3	2	8	1	6	7	4	9	5
4	1	7	3	5	9	6	2	8
5	9	6	4	2	8	7	1	3
2	4	5	7	3	6	1	8	9
9	6	3	5	8	1	2	4	7
8	7	1	2	9	4	3	5	6
6	3	4	9	1	5	8	7	2
7	8	9	6	4	2	5	3	1
1	5	2	8	7	3	9	6	4

PUZZLE # - 270
Difficult

5	4	6	9	3	7	1	2	8
2	3	9	1	8	5	4	6	7
8	7	1	2	4	6	5	3	9
7	2	3	4	6	1	8	9	5
1	5	4	8	2	9	3	7	6
9	6	8	7	5	3	2	4	1
3	1	7	5	9	4	6	8	2
4	9	2	6	1	8	7	5	3
6	8	5	3	7	2	9	1	4

PUZZLE # - 271
Difficult

8	3	5	7	4	1	6	9	2
4	6	2	3	5	9	1	8	7
9	1	7	2	8	6	5	4	3
3	7	1	6	9	2	4	5	8
2	5	8	1	3	4	9	7	6
6	4	9	5	7	8	2	3	1
7	2	4	8	1	5	3	6	9
5	8	6	9	2	3	7	1	4
1	9	3	4	6	7	8	2	5

PUZZLE # - 272
Difficult

7	9	5	8	3	4	2	1	6
6	3	1	9	7	2	4	8	5
2	8	4	1	5	6	9	7	3
8	2	6	4	1	5	7	3	9
4	7	3	2	9	8	6	5	1
5	1	9	7	6	3	8	4	2
1	6	8	5	4	9	3	2	7
3	4	7	6	2	1	5	9	8
9	5	2	3	8	7	1	6	4

PUZZLE # - 273
Difficult

2	8	1	5	9	3	7	6	4
5	3	9	4	6	7	2	1	8
6	4	7	1	8	2	3	9	5
9	5	6	7	3	1	4	8	2
7	2	8	9	4	5	1	3	6
3	1	4	8	2	6	5	7	9
4	6	2	3	1	8	9	5	7
1	9	5	6	7	4	8	2	3
8	7	3	2	5	9	6	4	1

PUZZLE # - 274
Difficult

2	1	8	3	9	5	6	7	4
7	6	5	8	2	4	1	3	9
9	4	3	6	1	7	2	8	5
8	2	6	7	4	9	5	1	3
4	9	7	5	3	1	8	6	2
3	5	1	2	6	8	4	9	7
6	7	9	4	8	2	3	5	1
5	8	4	1	7	3	9	2	6
1	3	2	9	5	6	7	4	8

PUZZLE # - 275
Difficult

7	2	4	5	9	8	6	3	1
1	3	8	7	4	6	9	2	5
9	6	5	1	3	2	4	7	8
6	8	2	4	1	9	3	5	7
3	7	1	8	6	5	2	9	4
4	5	9	3	2	7	1	8	6
8	1	3	9	5	4	7	6	2
5	4	6	2	7	3	8	1	9
2	9	7	6	8	1	5	4	3

PUZZLE # - 276
Difficult

8	2	6	9	5	7	4	1	3
4	3	1	6	2	8	5	7	9
5	7	9	4	1	3	8	2	6
6	4	3	1	7	5	9	8	2
2	5	8	3	9	6	1	4	7
9	1	7	8	4	2	6	3	5
1	9	2	5	3	4	7	6	8
3	8	5	7	6	1	2	9	4
7	6	4	2	8	9	3	5	1

PUZZLE # - 277
Difficult

5	4	1	8	3	9	2	7	6
9	8	2	6	5	7	3	1	4
3	7	6	1	2	4	8	9	5
1	2	7	4	6	3	9	5	8
4	3	9	2	8	5	1	6	7
6	5	8	9	7	1	4	3	2
8	6	5	3	1	2	7	4	9
7	9	3	5	4	8	6	2	1
2	1	4	7	9	6	5	8	3

PUZZLE # - 278
Difficult

5	8	4	9	1	3	6	2	7
7	3	2	6	5	8	4	9	1
1	6	9	4	2	7	5	8	3
4	7	5	1	9	6	8	3	2
2	9	6	8	3	4	1	7	5
3	1	8	2	7	5	9	4	6
6	4	1	3	8	2	7	5	9
9	5	3	7	4	1	2	6	8
8	2	7	5	6	9	3	1	4

PUZZLE # - 279
Difficult

4	1	3	6	9	8	2	5	7
7	6	2	1	4	5	8	9	3
5	8	9	3	7	2	4	1	6
3	5	1	9	8	7	6	2	4
8	9	7	2	6	4	5	3	1
6	2	4	5	3	1	7	8	9
9	3	5	4	2	6	1	7	8
2	7	6	8	1	3	9	4	5
1	4	8	7	5	9	3	6	2

PUZZLE # - 280
Difficult

7	6	8	5	4	2	3	1	9
1	9	2	6	8	3	7	4	5
4	3	5	9	1	7	6	2	8
3	4	9	1	2	6	8	5	7
2	7	6	3	5	8	1	9	4
8	5	1	7	9	4	2	3	6
5	8	3	2	7	9	4	6	1
6	1	7	4	3	5	9	8	2
9	2	4	8	6	1	5	7	3

PUZZLE # - 281
Difficult

3	9	2	5	7	4	1	6	8
8	7	6	3	9	1	4	5	2
4	1	5	6	8	2	7	3	9
6	3	1	9	5	7	8	2	4
9	5	4	8	2	3	6	1	7
7	2	8	1	4	6	3	9	5
5	4	3	7	1	9	2	8	6
1	8	7	2	6	5	9	4	3
2	6	9	4	3	8	5	7	1

PUZZLE # - 282
Difficult

6	7	2	8	4	5	9	3	1
3	4	5	2	1	9	6	7	8
9	1	8	3	7	6	5	4	2
2	6	1	4	3	7	8	9	5
8	3	9	1	5	2	7	6	4
7	5	4	9	6	8	1	2	3
4	8	7	5	9	3	2	1	6
5	9	3	6	2	1	4	8	7
1	2	6	7	8	4	3	5	9

PUZZLE # - 283
Difficult

9	3	8	2	4	1	5	6	7
1	7	4	3	5	6	9	2	8
5	6	2	9	7	8	3	4	1
8	5	7	4	2	9	6	1	3
6	4	1	8	3	5	2	7	9
3	2	9	1	6	7	4	8	5
7	8	5	6	9	4	1	3	2
4	1	3	5	8	2	7	9	6
2	9	6	7	1	3	8	5	4

PUZZLE # - 284
Difficult

3	5	1	6	7	2	8	9	4
2	7	4	5	9	8	3	6	1
8	6	9	1	3	4	5	2	7
9	2	8	4	1	6	7	3	5
6	3	5	9	8	7	1	4	2
4	1	7	3	2	5	6	8	9
1	8	3	7	4	9	2	5	6
5	4	2	8	6	1	9	7	3
7	9	6	2	5	3	4	1	8

PUZZLE # - 285
Difficult

1	5	6	8	7	9	4	3	2
9	7	8	2	3	4	6	5	1
3	4	2	6	1	5	8	7	9
6	9	1	4	8	7	5	2	3
7	8	4	5	2	3	1	9	6
2	3	5	1	9	6	7	4	8
5	2	7	3	6	8	9	1	4
8	1	9	7	4	2	3	6	5
4	6	3	9	5	1	2	8	7

PUZZLE # - 286
Difficult

9	7	8	2	5	1	6	3	4
2	6	3	7	9	4	1	8	5
4	5	1	3	8	6	9	2	7
5	1	4	6	7	8	3	9	2
3	9	2	4	1	5	8	7	6
6	8	7	9	3	2	4	5	1
7	4	6	8	2	9	5	1	3
8	2	5	1	4	3	7	6	9
1	3	9	5	6	7	2	4	8

PUZZLE # - 287
Difficult

8	9	4	5	3	7	1	6	2
7	3	1	9	6	2	8	5	4
5	2	6	1	8	4	9	3	7
4	7	9	3	1	5	6	2	8
1	8	2	4	9	6	3	7	5
6	5	3	7	2	8	4	9	1
2	4	8	6	7	3	5	1	9
3	1	5	2	4	9	7	8	6
9	6	7	8	5	1	2	4	3

PUZZLE # - 288
Difficult

4	5	1	6	3	7	9	8	2
7	2	8	5	4	9	3	1	6
9	3	6	1	2	8	5	7	4
3	4	9	2	7	1	6	5	8
5	8	7	4	6	3	2	9	1
1	6	2	8	9	5	7	4	3
6	1	5	7	8	2	4	3	9
8	9	4	3	5	6	1	2	7
2	7	3	9	1	4	8	6	5

PUZZLE # - 289
Difficult

3	8	4	9	5	7	6	2	1
7	2	5	4	6	1	8	9	3
1	9	6	8	3	2	5	7	4
5	6	1	7	9	4	3	8	2
8	3	9	1	2	5	7	4	6
2	4	7	6	8	3	9	1	5
4	1	3	5	7	8	2	6	9
9	7	2	3	1	6	4	5	8
6	5	8	2	4	9	1	3	7

PUZZLE # - 290
Difficult

8	9	7	4	5	6	1	2	3
2	1	4	8	7	3	9	5	6
6	5	3	9	1	2	8	4	7
9	7	6	5	8	1	2	3	4
3	8	5	7	2	4	6	9	1
1	4	2	6	3	9	7	8	5
4	6	1	2	9	5	3	7	8
5	2	8	3	6	7	4	1	9
7	3	9	1	4	8	5	6	2

PUZZLE # - 291
Difficult

6	8	9	4	7	1	5	3	2
7	2	3	9	8	5	4	6	1
4	1	5	3	6	2	8	7	9
1	4	6	5	2	3	7	9	8
2	5	8	1	9	7	6	4	3
3	9	7	6	4	8	1	2	5
9	6	2	8	5	4	3	1	7
8	3	4	7	1	9	2	5	6
5	7	1	2	3	6	9	8	4

PUZZLE # - 292
Difficult

6	7	5	1	9	4	3	2	8
9	8	1	7	2	3	4	5	6
2	3	4	6	8	5	9	1	7
4	9	7	8	3	2	5	6	1
1	2	6	4	5	7	8	3	9
8	5	3	9	6	1	7	4	2
7	4	8	5	1	6	2	9	3
5	1	2	3	7	9	6	8	4
3	6	9	2	4	8	1	7	5

PUZZLE # - 293
Difficult

3	6	8	5	9	7	2	4	1
9	5	4	6	2	1	8	3	7
7	2	1	4	8	3	6	9	5
8	9	6	2	5	4	1	7	3
1	4	5	7	3	8	9	2	6
2	3	7	9	1	6	5	8	4
6	8	9	3	7	5	4	1	2
4	7	2	1	6	9	3	5	8
5	1	3	8	4	2	7	6	9

PUZZLE # - 294
Difficult

6	2	9	8	7	1	5	4	3
8	7	3	6	4	5	2	9	1
5	4	1	9	3	2	8	7	6
3	6	2	7	8	4	1	5	9
9	5	7	2	1	6	4	3	8
1	8	4	3	5	9	6	2	7
4	1	6	5	9	7	3	8	2
2	9	8	4	6	3	7	1	5
7	3	5	1	2	8	9	6	4

PUZZLE # - 295
Difficult

6	7	9	3	5	4	1	2	8
1	5	3	8	2	9	7	4	6
2	4	8	6	7	1	3	5	9
5	6	4	1	9	8	2	7	3
8	2	7	4	3	5	6	9	1
9	3	1	2	6	7	4	8	5
3	8	6	5	4	2	9	1	7
4	9	5	7	1	6	8	3	2
7	1	2	9	8	3	5	6	4

PUZZLE # - 296
Difficult

3	5	7	2	1	6	4	9	8
6	1	4	8	7	9	2	3	5
9	8	2	5	3	4	7	6	1
1	9	5	6	4	8	3	7	2
7	2	8	1	9	3	6	5	4
4	3	6	7	2	5	8	1	9
2	6	9	3	8	1	5	4	7
5	7	1	4	6	2	9	8	3
8	4	3	9	5	7	1	2	6

PUZZLE # - 297
Difficult

7	2	8	1	9	6	4	5	3
3	6	9	7	4	5	1	2	8
4	5	1	8	2	3	9	7	6
9	3	7	4	6	1	2	8	5
1	4	2	5	8	7	6	3	9
6	8	5	9	3	2	7	4	1
5	1	6	2	7	8	3	9	4
8	7	4	3	1	9	5	6	2
2	9	3	6	5	4	8	1	7

PUZZLE # - 298
Difficult

9	1	8	4	6	5	2	3	7
5	6	7	1	2	3	9	8	4
4	3	2	7	9	8	5	6	1
8	2	5	3	1	6	4	7	9
6	9	3	2	7	4	1	5	8
7	4	1	5	8	9	3	2	6
2	5	6	8	4	1	7	9	3
1	7	9	6	3	2	8	4	5
3	8	4	9	5	7	6	1	2

PUZZLE # - 299
Difficult

5	6	1	2	9	4	7	8	3
7	3	8	1	5	6	4	9	2
2	4	9	3	7	8	5	6	1
4	7	5	9	1	3	8	2	6
8	1	6	5	4	2	3	7	9
3	9	2	8	6	7	1	4	5
1	5	4	6	8	9	2	3	7
6	8	3	7	2	5	9	1	4
9	2	7	4	3	1	6	5	8

PUZZLE # - 300
Difficult

7	3	8	2	6	4	9	5	1
4	5	2	3	1	9	6	7	8
1	9	6	7	5	8	4	3	2
6	7	1	4	2	3	5	8	9
3	8	9	5	7	1	2	6	4
2	4	5	9	8	6	7	1	3
5	6	3	8	4	2	1	9	7
8	1	4	6	9	7	3	2	5
9	2	7	1	3	5	8	4	6

PUZZLE # - 301
Expert

8	7	5	9	1	6	2	4	3
6	4	9	7	2	3	8	5	1
2	3	1	5	8	4	7	6	9
5	8	3	4	7	9	1	2	6
1	6	7	3	5	2	4	9	8
9	2	4	1	6	8	3	7	5
4	1	2	8	9	5	6	3	7
3	9	8	6	4	7	5	1	2
7	5	6	2	3	1	9	8	4

PUZZLE # - 302
Expert

6	8	5	4	7	2	1	3	9
3	9	4	5	6	1	2	7	8
2	7	1	3	9	8	4	6	5
8	6	2	9	3	7	5	1	4
7	5	3	8	1	4	6	9	2
4	1	9	6	2	5	3	8	7
1	2	8	7	4	3	9	5	6
9	4	7	1	5	6	8	2	3
5	3	6	2	8	9	7	4	1

PUZZLE # - 303
Expert

3	4	8	9	6	5	7	2	1
1	6	7	2	3	8	4	5	9
5	2	9	1	4	7	8	3	6
6	7	3	5	8	1	2	9	4
9	1	4	6	2	3	5	7	8
8	5	2	4	7	9	1	6	3
2	9	5	3	1	4	6	8	7
4	8	6	7	9	2	3	1	5
7	3	1	8	5	6	9	4	2

PUZZLE # - 304
Expert

9	2	4	1	8	3	5	7	6
8	3	6	7	9	5	1	2	4
5	1	7	4	6	2	3	8	9
1	4	8	9	5	7	2	6	3
2	9	3	6	1	8	7	4	5
7	6	5	2	3	4	9	1	8
6	7	9	5	4	1	8	3	2
3	5	1	8	2	6	4	9	7
4	8	2	3	7	9	6	5	1

PUZZLE # - 305
Expert

8	3	7	2	1	9	5	6	4
2	9	1	4	6	5	8	3	7
5	6	4	3	8	7	2	9	1
4	8	5	9	7	6	1	2	3
1	2	3	5	4	8	9	7	6
9	7	6	1	3	2	4	5	8
6	4	2	8	5	3	7	1	9
7	5	8	6	9	1	3	4	2
3	1	9	7	2	4	6	8	5

PUZZLE # - 306
Expert

1	9	7	3	4	2	6	8	5
2	5	8	7	9	6	1	3	4
6	4	3	5	1	8	9	2	7
5	3	9	8	2	4	7	1	6
7	6	2	9	3	1	4	5	8
8	1	4	6	7	5	3	9	2
3	2	5	1	6	7	8	4	9
4	7	1	2	8	9	5	6	3
9	8	6	4	5	3	2	7	1

PUZZLE # - 307
Expert

9	1	2	5	8	6	3	7	4
8	7	6	4	1	3	5	2	9
5	4	3	7	9	2	6	8	1
4	2	5	8	3	7	9	1	6
3	8	9	2	6	1	4	5	7
7	6	1	9	4	5	8	3	2
6	5	7	3	2	9	1	4	8
1	3	8	6	7	4	2	9	5
2	9	4	1	5	8	7	6	3

PUZZLE # - 308
Expert

5	9	2	4	3	8	1	6	7
7	8	3	5	1	6	4	2	9
6	1	4	7	2	9	5	8	3
3	6	8	1	7	2	9	4	5
9	2	5	3	8	4	6	7	1
4	7	1	9	6	5	8	3	2
2	4	9	6	5	3	7	1	8
8	5	7	2	4	1	3	9	6
1	3	6	8	9	7	2	5	4

PUZZLE # - 309
Expert

7	4	3	2	1	9	5	8	6
1	8	9	3	5	6	7	4	2
2	6	5	7	8	4	3	1	9
3	1	6	4	2	5	9	7	8
8	2	7	9	6	3	4	5	1
9	5	4	1	7	8	6	2	3
4	7	2	6	9	1	8	3	5
5	9	1	8	3	7	2	6	4
6	3	8	5	4	2	1	9	7

PUZZLE # - 310
Expert

7	5	1	6	2	8	9	3	4
9	4	8	7	3	1	2	5	6
3	2	6	4	9	5	1	8	7
1	8	7	3	4	2	6	9	5
5	3	4	1	6	9	7	2	8
2	6	9	5	8	7	4	1	3
4	1	3	2	5	6	8	7	9
6	9	2	8	7	3	5	4	1
8	7	5	9	1	4	3	6	2

PUZZLE # - 311
Expert

5	2	1	7	9	8	6	4	3
8	4	7	6	5	3	9	2	1
9	3	6	4	2	1	8	5	7
1	7	8	3	6	2	4	9	5
2	9	4	1	8	5	3	7	6
3	6	5	9	7	4	2	1	8
6	1	3	5	4	9	7	8	2
7	8	9	2	1	6	5	3	4
4	5	2	8	3	7	1	6	9

PUZZLE # - 312
Expert

6	7	5	1	4	2	9	8	3
9	2	1	7	3	8	5	4	6
4	3	8	9	5	6	1	7	2
5	4	7	8	9	3	2	6	1
1	9	6	4	2	7	8	3	5
3	8	2	5	6	1	4	9	7
2	6	9	3	8	5	7	1	4
8	1	3	2	7	4	6	5	9
7	5	4	6	1	9	3	2	8

PUZZLE # - 313
Expert

3	6	5	9	1	2	8	7	4
2	9	8	5	7	4	1	3	6
4	7	1	8	6	3	5	2	9
7	8	6	4	9	5	3	1	2
1	3	4	2	8	7	6	9	5
5	2	9	6	3	1	4	8	7
6	4	3	7	2	8	9	5	1
9	1	7	3	5	6	2	4	8
8	5	2	1	4	9	7	6	3

PUZZLE # - 314
Expert

6	7	9	8	5	3	2	1	4
1	3	2	7	6	4	5	8	9
4	5	8	2	1	9	7	3	6
2	1	3	5	9	7	6	4	8
7	9	6	1	4	8	3	2	5
8	4	5	6	3	2	9	7	1
3	6	1	4	7	5	8	9	2
9	8	4	3	2	6	1	5	7
5	2	7	9	8	1	4	6	3

PUZZLE # - 315
Expert

2	7	6	3	8	4	5	1	9
4	9	1	7	5	2	8	3	6
3	5	8	1	9	6	4	2	7
6	2	3	8	7	1	9	4	5
5	4	9	6	2	3	7	8	1
1	8	7	5	4	9	2	6	3
7	6	5	2	1	8	3	9	4
8	1	4	9	3	7	6	5	2
9	3	2	4	6	5	1	7	8

PUZZLE # - 316
Expert

4	1	3	9	5	6	8	7	2
8	5	9	7	3	2	6	1	4
6	2	7	4	8	1	5	9	3
7	4	8	5	6	9	3	2	1
9	6	1	3	2	8	7	4	5
2	3	5	1	4	7	9	6	8
3	7	2	6	1	5	4	8	9
5	8	6	2	9	4	1	3	7
1	9	4	8	7	3	2	5	6

PUZZLE # - 317
Expert

7	9	3	5	6	8	4	1	2
5	1	4	7	3	2	8	6	9
8	6	2	9	1	4	7	5	3
1	3	6	8	9	7	2	4	5
9	7	5	4	2	1	3	8	6
4	2	8	6	5	3	9	7	1
6	4	9	2	7	5	1	3	8
2	8	1	3	4	6	5	9	7
3	5	7	1	8	9	6	2	4

PUZZLE # - 318
Expert

4	2	8	1	9	3	7	6	5
9	1	3	7	6	5	8	4	2
6	7	5	4	2	8	9	3	1
5	4	7	8	1	2	3	9	6
1	3	6	5	4	9	2	7	8
8	9	2	3	7	6	5	1	4
2	6	1	9	5	7	4	8	3
7	8	4	2	3	1	6	5	9
3	5	9	6	8	4	1	2	7

PUZZLE # - 319
Expert

9	4	6	7	2	5	8	3	1
2	1	7	9	8	3	6	5	4
3	8	5	6	1	4	2	7	9
4	9	3	8	6	7	5	1	2
7	2	8	5	4	1	3	9	6
5	6	1	3	9	2	7	4	8
6	3	9	1	7	8	4	2	5
8	7	2	4	5	9	1	6	3
1	5	4	2	3	6	9	8	7

PUZZLE # - 320
Expert

1	4	7	8	9	2	6	3	5
5	6	3	4	7	1	2	9	8
9	8	2	3	5	6	7	1	4
3	5	4	6	1	9	8	7	2
6	1	8	2	4	7	9	5	3
2	7	9	5	3	8	4	6	1
4	3	6	9	2	5	1	8	7
8	2	1	7	6	3	5	4	9
7	9	5	1	8	4	3	2	6

PUZZLE # - 321
Expert

5	9	7	2	1	8	6	3	4
2	8	1	3	4	6	9	5	7
3	6	4	9	5	7	2	1	8
7	3	5	6	2	1	8	4	9
4	1	9	7	8	3	5	2	6
6	2	8	4	9	5	3	7	1
9	5	3	8	7	4	1	6	2
8	7	6	1	3	2	4	9	5
1	4	2	5	6	9	7	8	3

PUZZLE # - 322
Expert

2	5	6	4	9	3	1	8	7
4	8	1	6	5	7	3	2	9
9	3	7	2	8	1	6	4	5
5	9	2	3	7	6	8	1	4
1	7	4	9	2	8	5	3	6
8	6	3	5	1	4	9	7	2
6	2	8	1	4	5	7	9	3
3	1	9	7	6	2	4	5	8
7	4	5	8	3	9	2	6	1

PUZZLE # - 323
Expert

1	9	5	4	6	2	3	8	7
4	3	7	9	8	5	2	1	6
2	8	6	1	7	3	5	9	4
8	7	4	6	5	9	1	2	3
3	5	2	7	1	4	8	6	9
9	6	1	3	2	8	4	7	5
5	4	8	2	9	7	6	3	1
6	2	9	5	3	1	7	4	8
7	1	3	8	4	6	9	5	2

PUZZLE # - 324
Expert

4	5	6	1	2	3	8	9	7
8	7	1	6	5	9	2	3	4
2	3	9	4	7	8	1	5	6
9	6	7	2	3	1	5	4	8
5	1	8	7	9	4	6	2	3
3	4	2	5	8	6	9	7	1
1	8	3	9	4	2	7	6	5
7	9	4	8	6	5	3	1	2
6	2	5	3	1	7	4	8	9

PUZZLE # - 325
Expert

5	2	6	9	1	4	3	8	7
3	4	7	8	2	5	6	1	9
1	8	9	6	3	7	2	4	5
9	5	1	2	4	6	8	7	3
7	6	4	5	8	3	9	2	1
8	3	2	7	9	1	4	5	6
2	9	3	1	5	8	7	6	4
4	7	5	3	6	2	1	9	8
6	1	8	4	7	9	5	3	2

PUZZLE # - 326
Expert

4	2	3	7	6	5	9	8	1
8	1	6	2	4	9	7	5	3
5	9	7	8	3	1	6	2	4
2	8	9	1	7	6	3	4	5
3	4	1	5	9	2	8	7	6
6	7	5	4	8	3	2	1	9
7	3	2	6	5	4	1	9	8
9	5	8	3	1	7	4	6	2
1	6	4	9	2	8	5	3	7

PUZZLE # - 327
Expert

7	1	5	2	4	8	3	9	6
2	3	8	9	6	7	4	1	5
4	6	9	3	1	5	2	7	8
1	4	6	7	2	3	8	5	9
3	5	2	6	8	9	1	4	7
9	8	7	4	5	1	6	2	3
8	2	1	5	9	6	7	3	4
5	7	4	8	3	2	9	6	1
6	9	3	1	7	4	5	8	2

PUZZLE # - 328
Expert

5	3	8	9	2	7	1	4	6
1	7	9	4	6	8	3	2	5
4	6	2	3	1	5	8	7	9
2	8	5	7	4	1	6	9	3
7	4	3	5	9	6	2	8	1
6	9	1	8	3	2	7	5	4
8	1	4	6	7	9	5	3	2
3	5	6	2	8	4	9	1	7
9	2	7	1	5	3	4	6	8

PUZZLE # - 329
Expert

9	3	7	1	5	8	2	6	4
5	4	2	3	6	9	8	7	1
1	8	6	7	2	4	5	3	9
8	6	5	9	7	1	3	4	2
2	7	3	6	4	5	1	9	8
4	1	9	2	8	3	6	5	7
3	9	8	5	1	7	4	2	6
7	2	4	8	3	6	9	1	5
6	5	1	4	9	2	7	8	3

PUZZLE # - 330
Expert

6	7	4	3	9	5	2	1	8
9	5	8	6	1	2	3	4	7
3	2	1	7	8	4	5	6	9
7	4	3	2	5	6	8	9	1
5	8	2	9	7	1	6	3	4
1	6	9	4	3	8	7	2	5
4	1	6	5	2	7	9	8	3
8	3	7	1	6	9	4	5	2
2	9	5	8	4	3	1	7	6

PUZZLE # - 331
Expert

4	1	5	9	7	6	8	3	2
3	2	8	5	4	1	6	7	9
6	9	7	8	3	2	4	5	1
7	6	1	2	9	3	5	8	4
2	5	3	4	8	7	9	1	6
8	4	9	6	1	5	3	2	7
1	3	4	7	6	8	2	9	5
9	7	2	3	5	4	1	6	8
5	8	6	1	2	9	7	4	3

PUZZLE # - 332
Expert

2	7	9	8	5	3	6	1	4
8	4	5	6	1	7	3	9	2
6	3	1	4	9	2	5	8	7
5	2	6	7	4	8	1	3	9
1	9	3	5	2	6	4	7	8
4	8	7	9	3	1	2	5	6
3	6	2	1	7	9	8	4	5
9	1	4	2	8	5	7	6	3
7	5	8	3	6	4	9	2	1

PUZZLE # - 333
Expert

2	9	7	6	8	1	3	5	4
3	6	8	9	5	4	7	1	2
5	1	4	3	7	2	6	9	8
8	3	9	2	1	6	4	7	5
4	7	5	8	9	3	1	2	6
6	2	1	5	4	7	9	8	3
9	8	3	7	6	5	2	4	1
7	4	2	1	3	8	5	6	9
1	5	6	4	2	9	8	3	7

PUZZLE # - 334
Expert

9	2	1	8	6	5	3	4	7
3	4	6	1	9	7	5	8	2
7	8	5	4	3	2	9	6	1
5	7	4	2	1	3	6	9	8
2	9	3	7	8	6	4	1	5
1	6	8	5	4	9	7	2	3
8	3	7	9	2	4	1	5	6
4	5	2	6	7	1	8	3	9
6	1	9	3	5	8	2	7	4

PUZZLE # - 335
Expert

8	9	7	3	4	2	1	5	6
5	1	4	7	9	6	2	3	8
6	3	2	5	1	8	4	9	7
1	2	5	6	8	3	7	4	9
3	8	6	4	7	9	5	2	1
4	7	9	2	5	1	8	6	3
7	4	8	9	3	5	6	1	2
2	5	3	1	6	7	9	8	4
9	6	1	8	2	4	3	7	5

PUZZLE # - 336
Expert

6	5	8	7	2	1	9	4	3
1	2	3	8	9	4	5	6	7
7	4	9	6	3	5	1	8	2
4	7	2	3	1	6	8	9	5
8	9	1	2	5	7	4	3	6
3	6	5	9	4	8	2	7	1
2	3	4	5	7	9	6	1	8
9	8	7	1	6	2	3	5	4
5	1	6	4	8	3	7	2	9

PUZZLE # - 337
Expert

5	9	6	8	1	7	4	2	3
2	7	8	4	6	3	1	9	5
1	4	3	5	9	2	7	6	8
4	1	7	3	2	6	8	5	9
6	8	2	7	5	9	3	4	1
3	5	9	1	8	4	6	7	2
8	3	4	9	7	5	2	1	6
7	6	5	2	3	1	9	8	4
9	2	1	6	4	8	5	3	7

PUZZLE # - 338
Expert

4	8	2	5	3	1	7	6	9
3	7	9	4	6	8	5	1	2
1	5	6	2	7	9	3	8	4
7	6	1	9	2	5	8	4	3
5	9	4	6	8	3	2	7	1
8	2	3	1	4	7	6	9	5
2	3	7	8	9	4	1	5	6
6	4	5	7	1	2	9	3	8
9	1	8	3	5	6	4	2	7

PUZZLE # - 339
Expert

8	3	5	6	2	4	9	1	7
6	4	9	1	7	5	2	8	3
2	1	7	9	3	8	6	5	4
7	5	2	3	8	9	4	6	1
4	9	3	5	1	6	7	2	8
1	6	8	7	4	2	3	9	5
5	8	6	4	9	7	1	3	2
9	7	1	2	5	3	8	4	6
3	2	4	8	6	1	5	7	9

PUZZLE # - 340
Expert

8	9	4	6	2	1	3	7	5
7	3	6	9	5	4	1	2	8
5	1	2	7	8	3	4	9	6
1	8	9	2	3	7	5	6	4
4	6	7	8	9	5	2	1	3
3	2	5	4	1	6	9	8	7
2	7	3	1	4	8	6	5	9
6	4	1	5	7	9	8	3	2
9	5	8	3	6	2	7	4	1

PUZZLE # - 341
Expert

6	4	7	5	1	2	9	8	3
3	8	5	7	4	9	6	1	2
9	1	2	6	3	8	4	7	5
8	9	3	1	5	6	2	4	7
2	6	4	9	7	3	1	5	8
5	7	1	2	8	4	3	6	9
1	5	6	3	2	7	8	9	4
7	2	8	4	9	1	5	3	6
4	3	9	8	6	5	7	2	1

PUZZLE # - 342
Expert

1	5	7	6	9	3	2	4	8
3	6	2	8	4	1	9	7	5
9	8	4	5	2	7	3	1	6
6	1	3	4	5	8	7	9	2
4	9	8	1	7	2	6	5	3
7	2	5	3	6	9	1	8	4
5	7	9	2	8	6	4	3	1
8	3	6	7	1	4	5	2	9
2	4	1	9	3	5	8	6	7

PUZZLE # - 343
Expert

8	6	4	9	5	2	1	7	3
5	9	2	3	7	1	8	6	4
1	7	3	6	4	8	2	9	5
6	1	7	4	3	5	9	8	2
9	4	5	8	2	7	3	1	6
2	3	8	1	6	9	4	5	7
7	8	6	2	9	3	5	4	1
3	5	1	7	8	4	6	2	9
4	2	9	5	1	6	7	3	8

PUZZLE # - 344
Expert

2	4	7	8	6	5	3	9	1
6	9	8	3	2	1	4	7	5
1	5	3	4	9	7	2	6	8
5	7	6	9	3	8	1	4	2
4	3	1	5	7	2	6	8	9
8	2	9	6	1	4	5	3	7
7	1	4	2	8	3	9	5	6
3	6	2	7	5	9	8	1	4
9	8	5	1	4	6	7	2	3

PUZZLE # - 345
Expert

1	2	5	6	9	8	4	7	3
8	3	9	2	4	7	5	1	6
4	7	6	3	1	5	8	9	2
3	1	4	7	2	6	9	8	5
9	8	2	4	5	1	3	6	7
6	5	7	8	3	9	1	2	4
2	4	8	9	6	3	7	5	1
5	9	3	1	7	2	6	4	8
7	6	1	5	8	4	2	3	9

PUZZLE # - 346
Expert

2	4	1	8	3	5	7	6	9
3	7	6	1	2	9	4	5	8
8	5	9	7	4	6	2	3	1
4	9	3	5	7	8	1	2	6
1	8	5	6	9	2	3	4	7
6	2	7	3	1	4	9	8	5
9	6	2	4	5	1	8	7	3
7	1	8	2	6	3	5	9	4
5	3	4	9	8	7	6	1	2

PUZZLE # - 347
Expert

3	6	5	8	4	2	9	1	7
4	9	8	3	1	7	5	2	6
2	1	7	9	5	6	8	3	4
8	2	9	5	6	1	7	4	3
6	3	4	7	8	9	1	5	2
5	7	1	4	2	3	6	9	8
1	8	6	2	3	5	4	7	9
9	4	3	1	7	8	2	6	5
7	5	2	6	9	4	3	8	1

PUZZLE # - 348
Expert

9	7	5	2	6	1	4	8	3
2	6	3	7	4	8	5	1	9
8	4	1	3	5	9	7	2	6
4	3	7	1	2	6	8	9	5
6	5	9	8	7	3	2	4	1
1	2	8	5	9	4	6	3	7
3	9	2	6	8	7	1	5	4
7	8	4	9	1	5	3	6	2
5	1	6	4	3	2	9	7	8

PUZZLE # - 349
Expert

7	8	5	9	1	2	4	6	3
2	9	4	6	3	5	8	1	7
1	3	6	8	7	4	2	9	5
3	4	2	1	8	6	5	7	9
6	7	8	5	9	3	1	4	2
9	5	1	2	4	7	6	3	8
8	6	7	3	5	1	9	2	4
4	2	9	7	6	8	3	5	1
5	1	3	4	2	9	7	8	6

PUZZLE # - 350
Expert

5	4	9	6	7	3	8	2	1
3	8	1	5	9	2	7	4	6
2	6	7	1	8	4	3	5	9
7	3	8	4	6	5	1	9	2
4	1	5	3	2	9	6	7	8
6	9	2	7	1	8	4	3	5
8	2	6	9	3	7	5	1	4
1	7	4	2	5	6	9	8	3
9	5	3	8	4	1	2	6	7

PUZZLE # - 351
Expert

2	6	4	5	1	9	7	8	3
9	1	7	8	3	4	2	5	6
5	8	3	7	2	6	9	1	4
6	9	1	3	4	5	8	7	2
8	7	5	9	6	2	4	3	1
4	3	2	1	7	8	5	6	9
3	2	9	6	5	7	1	4	8
1	5	8	4	9	3	6	2	7
7	4	6	2	8	1	3	9	5

PUZZLE # - 352
Expert

2	5	6	9	1	7	4	8	3
8	1	9	6	4	3	5	7	2
7	4	3	5	2	8	1	6	9
6	9	4	8	5	1	2	3	7
5	2	8	3	7	6	9	4	1
1	3	7	4	9	2	8	5	6
4	8	2	7	3	9	6	1	5
9	7	5	1	6	4	3	2	8
3	6	1	2	8	5	7	9	4

PUZZLE # - 353
Expert

8	9	2	1	5	3	4	7	6
4	3	5	8	7	6	1	9	2
1	6	7	9	4	2	3	5	8
3	4	9	7	2	5	8	6	1
6	7	8	3	1	4	5	2	9
2	5	1	6	9	8	7	3	4
7	1	3	2	8	9	6	4	5
9	8	4	5	6	7	2	1	3
5	2	6	4	3	1	9	8	7

PUZZLE # - 354
Expert

9	5	7	6	8	3	2	1	4
1	2	3	4	9	5	6	7	8
8	4	6	2	7	1	5	3	9
5	8	1	9	3	4	7	2	6
7	3	2	8	1	6	9	4	5
4	6	9	5	2	7	3	8	1
6	7	4	1	5	2	8	9	3
2	1	8	3	6	9	4	5	7
3	9	5	7	4	8	1	6	2

PUZZLE # - 355
Expert

5	7	1	3	4	6	9	2	8
9	3	8	1	5	2	6	4	7
6	4	2	7	9	8	3	5	1
8	1	5	6	2	3	7	9	4
3	9	7	8	1	4	5	6	2
4	2	6	5	7	9	1	8	3
1	5	9	2	8	7	4	3	6
2	6	4	9	3	1	8	7	5
7	8	3	4	6	5	2	1	9

PUZZLE # - 356
Expert

9	8	4	3	5	1	7	2	6
2	7	3	8	4	6	5	1	9
6	1	5	9	7	2	4	8	3
7	2	1	5	6	3	9	4	8
5	6	8	2	9	4	3	7	1
4	3	9	1	8	7	2	6	5
3	5	7	4	1	8	6	9	2
1	4	2	6	3	9	8	5	7
8	9	6	7	2	5	1	3	4

PUZZLE # - 357
Expert

7	2	1	9	5	4	8	3	6
5	6	3	8	7	1	2	9	4
9	4	8	2	3	6	5	7	1
2	5	7	1	9	8	4	6	3
4	1	9	5	6	3	7	8	2
8	3	6	7	4	2	1	5	9
6	9	2	4	8	7	3	1	5
1	8	5	3	2	9	6	4	7
3	7	4	6	1	5	9	2	8

PUZZLE # - 358
Expert

3	2	4	6	9	7	8	1	5
8	7	9	1	3	5	4	6	2
6	1	5	8	2	4	7	3	9
4	8	1	3	7	2	5	9	6
2	5	7	4	6	9	3	8	1
9	3	6	5	8	1	2	4	7
7	6	8	2	1	3	9	5	4
5	9	3	7	4	6	1	2	8
1	4	2	9	5	8	6	7	3

PUZZLE # - 359
Expert

2	8	5	6	4	1	9	7	3
6	9	3	7	2	5	4	8	1
1	7	4	9	3	8	6	2	5
8	1	7	4	9	3	5	6	2
4	3	2	1	5	6	8	9	7
5	6	9	8	7	2	1	3	4
7	4	6	3	1	9	2	5	8
9	5	1	2	8	7	3	4	6
3	2	8	5	6	4	7	1	9

PUZZLE # - 360
Expert

4	6	2	7	8	1	5	9	3
9	7	8	4	3	5	1	2	6
3	1	5	6	9	2	4	7	8
2	3	7	9	4	6	8	1	5
8	5	9	2	1	3	6	4	7
1	4	6	8	5	7	2	3	9
7	2	4	3	6	8	9	5	1
6	9	1	5	7	4	3	8	2
5	8	3	1	2	9	7	6	4

PUZZLE # - 361
Expert

4	6	5	7	2	9	3	1	8
9	8	1	4	6	3	7	5	2
2	3	7	1	8	5	6	9	4
8	2	6	9	5	4	1	7	3
3	5	4	2	1	7	9	8	6
1	7	9	8	3	6	2	4	5
5	4	2	6	9	1	8	3	7
6	1	3	5	7	8	4	2	9
7	9	8	3	4	2	5	6	1

PUZZLE # - 362
Expert

3	8	2	9	7	5	4	1	6
7	5	6	2	1	4	3	8	9
9	1	4	6	3	8	7	5	2
6	2	1	8	4	7	5	9	3
5	4	9	3	6	1	2	7	8
8	3	7	5	2	9	1	6	4
4	7	8	1	9	3	6	2	5
2	9	3	7	5	6	8	4	1
1	6	5	4	8	2	9	3	7

PUZZLE # - 363
Expert

3	7	5	8	9	2	4	1	6
1	9	6	4	3	5	7	2	8
8	2	4	7	1	6	3	9	5
2	3	9	6	8	1	5	4	7
7	6	8	9	5	4	1	3	2
4	5	1	3	2	7	8	6	9
9	8	2	1	7	3	6	5	4
6	1	7	5	4	9	2	8	3
5	4	3	2	6	8	9	7	1

PUZZLE # - 364
Expert

4	9	8	7	6	2	1	5	3
7	2	1	3	9	5	4	6	8
5	6	3	1	4	8	2	9	7
1	7	4	6	3	9	8	2	5
8	3	6	2	5	1	7	4	9
9	5	2	4	8	7	6	3	1
3	1	5	8	2	4	9	7	6
6	4	7	9	1	3	5	8	2
2	8	9	5	7	6	3	1	4

PUZZLE # - 365

Expert

2	1	7	4	5	8	9	6	3
6	3	4	9	7	2	1	8	5
9	8	5	6	3	1	4	7	2
7	2	9	5	1	4	8	3	6
8	4	1	3	6	7	2	5	9
5	6	3	2	8	9	7	1	4
1	9	6	8	4	5	3	2	7
4	5	8	7	2	3	6	9	1
3	7	2	1	9	6	5	4	8

Congratulations! You have completed 365 sudoku puzzles in a year!

www.ingramcontent.com/pod-product-compliance
Lightning Source LLC
Chambersburg PA
CBHW062346220526
45472CB00008B/1721
9798446358373